O FIM DE TODAS AS COISAS

Katie Mack

O fim de todas as coisas
(segundo a astrofísica)

TRADUÇÃO
Leonardo Alves

Copyright © 2020 by dra. Katie Mack

Grafia atualizada segundo o Acordo Ortográfico da Língua Portuguesa de 1990, que entrou em vigor no Brasil em 2009.

Título original
The End of Everything (Astrophysically Speaking)

Capa
Estúdio Nono

Imagem de capa
Vadimsadovski/ Adobe Stock

Ilustrações
Nick James

Revisão técnica
Carlos Roberto Rabaça
Ph.D. em astronomia pela Universidade do Alabama, Estados Unidos
Professor da Universidade Federal do Rio de Janeiro (UFRJ)

Preparação
Diogo Henriques

Índice remissivo
Probo Poletti

Revisão
Bonie Santos
Gabriele Fernandes

Dados Internacionais de Catalogação na Publicação (CIP)
(Câmara Brasileira do Livro, SP, Brasil)

    Mack, Katie
        O fim de todas as coisas : (segundo a astrofísica) / Katie Mack ; tradução Leonardo Alves. — 1ª ed. — Rio de Janeiro: Objetiva, 2022.

        Título original: The End of Everything (Astrophysically Speaking).
    ISBN 978-85-470-0147-6

        1. Astrofísica 2. Astronomia 3. Ciência 4. Física I. Alves, Leonardo. II. Título.

21-93614   CDD-523.01

Índice para catálogo sistemático:
1. Astrofísica : Astronomia   523.01

Eliete Marques da Silva — Bibliotecária — CRB-8/9380

[2022]
Todos os direitos desta edição reservados à
EDITORA SCHWARCZ S.A.
Praça Floriano, 19, sala 3001 — Cinelândia
20031-050 — Rio de Janeiro — RJ
Telefone: (21) 3993-7510
www.companhiadasletras.com.br
www.blogdacompanhia.com.br
facebook.com/editoraobjetiva
instagram.com/editora_objetiva
twitter.com/edobjetiva

Para minha mãe, que esteve comigo desde o princípio

A autora é grata ao programa Public Understanding of Science, da Fundação Alfred P. Sloan, pelo generoso apoio prestado durante o processo de pesquisa e escrita deste livro.

Sumário

1. Introdução ao cosmo 11
2. Do Big Bang até hoje 27
3. Big Crunch 68
4. Morte térmica 91
5. Big Rip 129
6. Decaimento do vácuo 157
7. Ricochete 188
8. Futuro do futuro 211

Epílogo 243

Agradecimentos 251
Índice remissivo 255

1. Introdução ao cosmo

Há quem diga que o mundo acabará em chamas,
Há quem diga que no gelo.
Do que já provei das ganas
Ponho-me junto aos que esperam chamas.
Mas se o fim há de se repetir por zelo,
Pelo que entendo de ódio
Digo que destruição no gelo
Também é ótimo,
Um bom modelo.*
Robert Frost, 1920

A questão em torno de como o mundo vai acabar promoveu especulações e debates entre poetas e filósofos ao longo de toda a nossa história. É claro que agora, graças à ciência, sabemos a

---

* No original: "Some say the world will end in fire,/ Some say in ice./ From what I've tasted of desire/ I hold with those who favor fire./ But if it had to perish twice,/ I think I know enough of hate/ To say that for destruction ice/ Is also great/ And would suffice". (N. T.)

resposta: em chamas. Sem a menor dúvida, em chamas. Daqui a uns 5 bilhões de anos, o Sol vai inflar e entrar na fase de gigante vermelha, engolir a órbita de Mercúrio, talvez a de Vênus, e transformar a Terra em um pedregulho calcinado sem vida e coberto de magma. É provável que até esse resquício estéril incandescente esteja fadado a mergulhar nas camadas externas do Sol e a dispersar seus átomos na atmosfera turbulenta da estrela moribunda.

Então: chamas. Isso já está resolvido. Frost acertou no primeiro verso.

Mas ele não estava pensando muito longe. Sou cosmóloga. Estudo o universo como um todo, nas maiores escalas. Visto por essa perspectiva, o mundo é um grão minúsculo e sentimental de poeira perdido em um universo vasto e variado. O que me importa, tanto profissional quanto pessoalmente, é uma pergunta maior: como o *universo* vai acabar?

Sabemos que ele começou há cerca de 13,8 bilhões de anos. Passou de um estado de densidade inimaginável para se tornar uma bola de fogo cósmica de proporções absolutas e, em seguida, um fluido vibrante de matéria e energia em processo de resfriamento, que espalhou as sementes das estrelas e galáxias que vemos hoje à nossa volta. Planetas se formaram, galáxias colidiram, a luz preencheu o cosmo. Um planeta rochoso orbitando uma estrela comum perto da margem de uma galáxia em espiral desenvolveu vida, computadores, ciência política e mamíferos bípedes longos e esguios que leem livros de física para se divertir.

Mas o que vem depois? O que acontece no fim da história? Em tese, seria possível sobreviver à morte de um planeta, ou até de uma estrela. Daqui a bilhões de anos, talvez a humanidade ainda exista, em alguma forma irreconhecível, aventurando-se pelos distantes confins do espaço, encontrando novos lares e construindo novas civilizações. Já a morte do universo é definitiva. O que significa para nós, para tudo, se em algum momento ele vai acabar?

BEM-VINDOS AO FIM DOS TEMPOS

Apesar de poder ser encontrado em alguns artigos clássicos (e extremamente divertidos) da literatura científica, a primeira vez que me deparei com o termo "escatologia", o estudo do fim de todas as coisas, foi lendo sobre religião.

A escatologia — ou, falando de forma mais específica, o fim do mundo — torna possível que muitas religiões contextualizem as lições da teologia e apresentem seu sentido com uma força extraordinária. Apesar das diferenças teológicas entre o cristianismo, o judaísmo e o islã, eles compartilham uma visão do fim dos tempos que põe em curso uma reestruturação final do mundo, em que o bem triunfará sobre o mal e as pessoas aprovadas por Deus serão recompensadas.* Talvez a promessa de um juízo final sirva para compensar, de algum jeito, o lamentável fato de que nosso mundo físico imperfeito, injusto e arbitrário não tem como garantir uma existência boa e satisfatória para quem leva uma vida direita. Assim como um livro pode se redimir ou se desgraçar com o capítulo final, parece que muitas filosofias religiosas precisam que o mundo acabe, e que acabe de forma "justa", para que sua existência tenha algum significado.

É claro que nem todas as escatologias são redentoras nem todas as religiões têm uma previsão para o fim dos tempos. Apesar do hype em torno do final de dezembro de 2012, os maias

---

* A maneira exata como essas recompensas serão distribuídas, e para quem, não faz parte do que essas religiões têm em comum.

tinham uma visão cíclica do universo, assim como acontece na tradição hindu, sem declarar nenhum "fim" específico. Os ciclos dessas tradições não são meras repetições — eles sugestionam a possibilidade de que tudo será melhor da próxima vez: todo o seu sofrimento neste mundo é ruim, mas não se preocupe, que um novo mundo virá, e será um mundo imaculado, ou talvez aprimorado pelas desigualdades do presente. Já as histórias seculares sobre o fim dos tempos percorrem todo o espectro, desde a perspectiva niilista de que nada importa (e de que o nada acabará por prevalecer) até a noção estonteante do eterno retorno, em que tudo o que já aconteceu voltará a acontecer, exatamente do mesmo jeito, para sempre.* Na verdade, essas duas teorias aparentemente contrárias costumam ser associadas a Friedrich Nietzsche, que, depois de proclamar a morte de qualquer deus que pudesse conferir ordem e sentido ao universo, explorou as consequências de existir em um cosmo desprovido de arcos finais de redenção.

É claro que Nietzsche não foi o único a contemplar o sentido da existência. Desde Aristóteles e Lao-Tsé até Beauvoir, o capitão Kirk e Buffy, a Caça-Vampiros, todo mundo já se perguntou em algum momento: "O que isso tudo significa?". No momento em que escrevo, ainda não foi estabelecido um consenso.

Partidários ou não de alguma religião ou filosofia, seria difícil negar que a consciência do nosso destino cósmico tem algum impacto na forma como pensamos sobre nossa existência ou até no modo de levarmos a vida. Se quisermos saber se o que fazemos aqui terá algum sentido definitivo, nossa primeira pergunta é: como vai ser no final? Se encontrarmos a resposta para essa

---

* Ainda que não explorada em detalhes filosóficos, essa perspectiva também é representada no seriado clássico *Battlestar Galactica*, do início dos anos 2000.

pergunta, a seguinte virá logo depois: o que isso significa para nós agora? Se o universo vai morrer algum dia, ainda precisamos tirar o lixo na terça-feira?

Fiz minha própria exploração de textos teológicos e filosóficos, e, embora tenha aprendido muitas coisas fascinantes com essas leituras, infelizmente o sentido da existência não foi uma delas. Talvez isso não seja para mim. As perguntas e respostas que sempre me atraíram com mais força são as que podem ser resolvidas com dados de observações científicas e modelos matemáticos. Por mais que, em algumas ocasiões, pudesse parecer interessante a ideia de ver um livro com toda a história e o sentido da vida descritos e definidos de uma vez por todas, eu sabia que, no fundo, só conseguiria aceitar mesmo o tipo de verdade matematicamente reproduzível.

OLHANDO PARA O ALTO

Ao longo dos milênios, desde as primeiras reflexões da raça humana a respeito da própria mortalidade, as implicações filosóficas da questão não mudaram, mas as ferramentas à nossa disposição para respondê-la, sim. Hoje, a questão sobre o futuro e o destino final de toda a realidade está plantada solidamente no campo da ciência, e a resposta parece tão próxima que é como se estivesse na ponta da língua. Nem sempre foi assim. Na época de Robert Frost, ainda eram intensos os debates entre astrônomos quanto à possibilidade de o universo se encontrar em um estado de existência permanente, eternamente imutável. Era uma ideia sedutora essa de que nosso lar cósmico pudesse ser acolhedor e estável: um lugar seguro onde pudéssemos envelhecer. Mas a descoberta do Big Bang e a expansão do universo a descartaram.

Nosso universo está em constante transformação, e acabamos de começar a desenvolver as teorias e observações necessárias para compreender como exatamente isso ocorre. Os acontecimentos dos últimos anos, e até dos últimos meses, finalmente estão permitindo que formemos uma imagem do futuro cósmico distante.

Quero lhe mostrar essa imagem. Nossas melhores estimativas só condizem com um punhado de hipóteses de finais apocalípticos, e algumas delas podem ser confirmadas ou refutadas por observações que estamos fazendo agora mesmo. A exploração dessas possibilidades nos oferece um vislumbre do trabalho na vanguarda da ciência e permite que enxerguemos a humanidade em um novo contexto. Um que, na minha opinião, pode proporcionar uma espécie de alegria mesmo diante da absoluta destruição. Somos uma espécie situada entre a consciência de nossa franca insignificância e a capacidade de nos projetarmos até muito além de nossa vida mundana, rumo ao abismo, para desvendar os mistérios mais fundamentais do cosmo.

Parafraseando uma frase de Tolstói, todos os universos felizes se parecem; cada universo infeliz é infeliz à sua maneira. Neste livro, descrevo como ligeiros ajustes ao nosso incompleto conhecimento atual sobre o cosmo podem resultar em rumos drasticamente distintos para o futuro, seja para um universo que implode, um que se dilacera ou um que sucumbe gradualmente a uma inexorável e expansiva bolha fatal. Enquanto exploramos a evolução de nossa compreensão moderna sobre o universo e seu derradeiro fim e lidamos com o que isso significa *para nós*, vamos nos deparar com alguns dos conceitos mais importantes da física e ver como eles se relacionam não só com os apocalipses cósmicos, mas também com a física do nosso dia a dia.

A DESTRUIÇÃO QUANTIFICADA DO COSMO

É claro que, para algumas pessoas, os apocalipses já são uma preocupação do cotidiano.

Eu tenho uma lembrança vívida do instante em que descobri que o universo poderia acabar a qualquer momento. Estava sentada no chão da sala do professor Phinney, com o restante da minha turma de graduação em astronomia em nossa confraternização semanal, e o professor estava sentado em uma cadeira, com a filha de três anos no colo. Ele explicou que a inflação cósmica, a expansão súbita do universo que esticou o espaço, ainda era um enorme mistério para nós, que não temos ideia de como ela começou ou de como parou, nem se poderia acontecer de novo naquele exato segundo. Não havia garantia alguma de que, de repente, uma desintegração rápida e mortífera do espaço não começaria ali mesmo naquela sala, enquanto, em nossa inocência, comíamos biscoito com chá.

Fui pega completamente de surpresa, como se não pudesse mais confiar na solidez do chão debaixo dos meus pés. No meu cérebro, ficou gravada para todo o sempre a imagem daquela menininha ali sentada, se balançando em feliz ignorância num cosmo subitamente instável, enquanto o professor dava um sorrisinho e mudava de assunto.

Agora que sou uma cientista estabelecida, entendo aquele sorrisinho. A possibilidade de contemplar processos tão poderosos e implacáveis que podem ser descritos matematicamente com precisão desperta um fascínio mórbido. Os futuros possíveis do nosso cosmo foram delineados, calculados e avaliados em termos de probabilidade com base nos dados mais apurados de que dispomos. Talvez não saibamos com certeza se pode acontecer uma inflação cósmica violenta neste instante, mas, se acontecer, as equações já estão prontas. De certa forma, esta noção é profundamente reconfortante: embora nós, seres humanos insignificantes e indefesos, não tenhamos a menor chance de influenciar (ou afetar) o fim do cosmo, pelo menos podemos começar a compreendê-lo.

Muitos outros físicos se tornam um pouco insensíveis em relação à vastidão do cosmo e a forças tão poderosas que escapam à compreensão. É possível reduzir tudo a cálculos matemáticos, ajustar algumas equações e seguir em frente. Mas o choque e a vertigem que acompanham o reconhecimento da fragilidade de tudo, e minha própria impotência diante disso, me marcaram. A oportunidade de adentrar essa perspectiva cósmica tem algo que me enche ao mesmo tempo de medo e de esperança, como segurar nos braços um bebê recém-nascido e sentir o equilíbrio delicado entre a efemeridade da vida e o potencial de grandeza ainda não imaginada. Dizem que os astronautas voltam do espaço com uma perspectiva transformada a respeito do mundo, o "efeito panorama", pelo qual, depois de ver a Terra do alto, são capazes de reconhecer como nosso pequeno oásis é frágil e como nossa espécie deveria ser unida, em nossa possível qualidade de únicos seres pensantes em todo o cosmo.

Para mim, pensar na destruição definitiva do universo invoca a mesma experiência. É um luxo intelectual podermos refletir sobre os limites mais remotos do tempo profundo e dispormos de ferramentas para falar do assunto de forma coerente. Quando perguntamos "Isso tudo pode mesmo continuar para sempre?", estamos validando implicitamente nossa própria existência, estendendo-a sem fim pelo futuro, avaliando e examinando nosso legado. Admitir que haverá um fim definitivo nos proporciona contexto, sentido e até esperança, e permite, por mais paradoxal que pareça, que nos afastemos de nossas preocupações mesquinhas do dia a dia e apreciemos a vida com mais plenitude. Talvez seja esse o sentido que queremos encontrar.

Com certeza estamos chegando perto de uma resposta. Ainda que o mundo possa ruir a qualquer momento por uma perspectiva política, em termos de ciência estamos vivendo anos dourados. Na física, descobertas recentes e novas ferramentas tecnológicas e teóricas estão permitindo saltos que antes eram impossíveis. Faz décadas que estamos refinando nossa compreensão sobre o início do universo, mas a exploração científica de como o universo vai acabar está em plena renascença. Resultados fresquinhos fornecidos por telescópios e colisores de partículas poderosos sugeriram possibilidades novas e palpitantes (ainda que assustadoras) e transformaram nossa perspectiva a respeito do que é provável que aconteça, ou não, na evolução do futuro cósmico distante. É uma área que está progredindo a um ritmo incrível e nos dando a oportunidade de chegar bem à beira do abismo e espiar a escuridão absoluta. Só que, sabe, de uma forma quantificável.

Sendo uma disciplina dentro da física, o estudo da cosmologia não tem muito a ver com a busca pelo sentido propriamente dito, mas sim com a revelação de verdades fundamentais. Ao medirmos com precisão o formato do universo, a distribuição de matéria e energia nele e as forças que regem sua evolução, encontramos pistas para a estrutura subjacente da realidade. Talvez costumemos associar avanços da física a experimentos em laboratório, mas grande parte do que sabemos sobre as leis fundamentais que regem o mundo natural vem não dos experimentos em si, mas da compreensão da relação entre eles e da observação do firmamento. Para determinar a estrutura do átomo, por exemplo, foi preciso que os físicos juntassem o resultado de experimentos com radioatividade e o comportamento de linhas espectrais na luz solar. A lei da gravitação universal, desenvolvida por Newton, postulava que a força que faz um bloco deslizar por um plano inclinado é a mesma que mantém a Lua e os planetas em suas órbitas. Isso acabou por levar à teoria da relatividade geral de Einstein, uma reformulação espetacular da gravidade, cuja validez foi confirmada não por medições na Terra, mas pela observação das peculiaridades orbitais de Mercúrio e pela posição aparente de estrelas durante um eclipse solar total.

Hoje, estamos constatando que os modelos da física de partículas desenvolvidos ao longo de décadas de testes rigorosos nos melhores laboratórios do planeta estão incompletos, e estamos vendo esses sinais no céu. O estudo de deslocamentos e distribuições de outras galáxias — conglomerados cósmicos como a nossa Via Láctea, com bilhões ou trilhões de estrelas — indicou buracos importantes em nossas teorias da física de partículas. Ainda não sabemos a solução, mas dá para prever que nossa exploração do cosmo vai nos ajudar a alcançá-la. A união da cosmologia com a física de partículas já nos permitiu medir o formato básico do espaço-tempo, fazer um inventário dos componentes da realidade e observar o passado até uma era anterior à existência das estrelas e galáxias para identificar nossas origens, não apenas como seres vivos, mas como matéria propriamente dita.

E é claro que essa é uma via de mão dupla. Por mais que a cosmologia moderna contribua para nosso conhecimento sobre o muito pequeno, as teorias e os experimentos com partículas podem nos proporcionar noções sobre os mecanismos do universo nas escalas mais vastas. Essa combinação de exploração de cima para baixo e de baixo para cima tem tudo a ver com a essência da física. A cultura popular pode sugerir que a ciência é cheia de momentos de grandes descobertas e espetaculares reviravoltas conceituais, mas a maioria dos avanços do nosso conhecimento acontece quando pegamos teorias existentes, as levamos até as últimas consequências e vemos onde elas falham. Quando Newton estava empurrando bolas em barrancos ou observando o deslocamento vagaroso dos planetas no céu, ele não tinha como imaginar que precisaríamos de uma teoria da gravidade que também fosse capaz de lidar com a distorção do espaço-tempo perto do Sol ou com as forças gravitacionais inimagináveis no interior de buracos negros. Ele jamais pensaria que algum dia nós teríamos a expectativa de mensurar o efeito da gravidade em um único nêutron.* Felizmente, o universo é muito, muito grande, então podemos observar vários ambientes extremos. E, o que é melhor ainda, podemos estudar o universo primordial, uma época em que todo o cosmo era um ambiente extremo.

Uma breve observação sobre terminologia. Como termo científico geral, *cosmologia* se refere ao estudo do universo como um todo, do princípio ao fim, incluindo seus componentes, sua evolução ao longo do tempo e a física fundamental que o rege. Na *astrofísica*, um cosmólogo é qualquer pessoa que estuda coisas muito distantes, (1) o que significa que ele vai observar um bocado de universo, e, em astronomia, (2) coisas distantes estão também no passado distante, pois a luz que sai delas só nos alcança depois de viajar por muito tempo — às vezes, bilhões de anos. Alguns astrofísicos estudam explicitamente a evolução ou a história primitiva do universo, enquanto outros se especializam

---

* Para isso, nós o fazemos quicar. Sério. Antes, resfriamos os nêutrons até quase o zero absoluto, e então os desaceleramos para uma velocidade de caminhada. Depois, os fazemos subir e descer como se fossem bolinhas de pingue-pongue quicando em uma raquete. E isso também nos dá informações sobre a energia escura, essa coisa misteriosa que faz o universo inteiro se expandir mais rapidamente. A física é uma doideira.

em objetos distantes (galáxias, aglomerados de galáxias e por aí vai) e suas propriedades. Na *física*, a cosmologia pode enveredar por uma direção muito mais teórica. Por exemplo, alguns cosmólogos em departamentos de física (ao contrário dos departamentos de astronomia) estudam formulações alternativas da física de partículas que possam ter valido para o primeiro bilionésimo de bilionésimo de segundo de existência do universo. Outros estudam modificações da teoria da gravidade de Einstein que possam se aplicar a objetos hipotéticos, como buracos negros, que só têm como existir em dimensões superiores do espaço. Alguns cosmólogos até estudam universos hipotéticos inteiros explicitamente muito distintos do nosso — universos em que o cosmo tenha um formato totalmente distinto, outra quantidade de dimensões, outra história — a fim de compreender a estrutura matemática de teorias que *talvez* possam ter alguma relevância para nós um dia.*

Resumindo, cosmologia tem vários significados distintos para várias pessoas diferentes. Um cosmólogo que estuda a evolução das galáxias pode ficar completamente perdido se conversar com um cosmólogo que estuda o jeito como a teoria quântica de campo pode fazer um buraco negro evaporar, e vice-versa.

---

* Os pesquisadores da teoria das cordas produzem um monte dessas teorias. (Teoria das cordas é um termo genérico para teorias que tentam unir a gravidade e a física de partículas de forma nova, mas, agora, a maior parte do trabalho para desenvolvê-la tem mais a ver com análogos matemáticos do que com algo associado ao mundo "real".) Às vezes, quando estou em uma palestra sobre teoria das cordas, preciso resistir ao impulso de levantar a mão e esclarecer que nenhum desses cálculos se refere ao *nosso* universo, só para o caso de alguém ali estar tão confuso quanto eu fiquei quando comecei a participar de palestras sobre teoria das cordas.

Quanto a mim, eu amo isso tudo. Tinha uns dez anos quando descobri que existia algo chamado cosmologia, vendo livros e palestras de Stephen Hawking. Ele falava de buracos negros, distorção do espaço-tempo, Big Bang e uma série de coisas, e eu tinha a sensação de que meu cérebro estava dando cambalhotas. *Adorei*. Quando descobri que Hawking se definia como cosmólogo, tive certeza de que era isso que eu queria ser. Com o passar dos anos, fiz pesquisas em todas as áreas, pulando de um lado para o outro entre os departamentos de física e astronomia, estudando buracos negros, galáxias, gás intergaláctico, minúcias do Big Bang, matéria escura e a possibilidade de o universo sumir de repente em um piscar de olhos.* E até me aventurei um pouco em física de partículas experimental, na louca juventude, brincando com laser em um laboratório de física nuclear (ao contrário do que as fontes oficiais afirmam, o incêndio não foi culpa minha) e remando em um bote inflável por um detector de neutrinos subterrâneo de quarenta metros de altura cheio de água (aquela explosão também não foi culpa minha).

Hoje em dia, estou bem firme no campo da teoria, o que provavelmente é melhor para todo mundo. Isso significa que não realizo observações e experimentos e não faço análise de dados, mas faço, sim, previsões sobre o que futuras observações ou experiências talvez vejam. Trabalho sobretudo em uma área que os físicos chamam de fenomenologia — o espaço entre o desenvolvimento de teorias novas e a parte em que elas são testadas de fato. Ou seja, eu arrumo novas formas criativas de ligar os pontos entre as hipóteses do pessoal da teoria fundamental sobre a estrutura do universo e o que os astrônomos observa-

---

* Esse, claro, é um dos temas mais divertidos em que já trabalhei, e por isso este livro. Não sei bem por que gosto tanto disso. Talvez seja um mau sinal.

cionais e os físicos experimentais esperam ver em seus dados. Ou seja, preciso aprender muito sobre tudo,* é isso é divertido pra caramba.

ALERTA DE SPOILER

Este livro é uma desculpa para eu mergulhar na questão de para onde isso tudo vai, o que isso tudo significa e o que essas perguntas podem nos ensinar sobre o universo em que vivemos. Não existe uma única resposta — a questão do destino de toda a existência ainda está em aberto, e é uma área de pesquisa ativa em que nossas conclusões podem mudar drasticamente a partir de ajustes muito sutis na maneira como interpretamos os dados. Neste livro, vamos explorar cinco possibilidades, escolhidas com base na proeminência em debates que estão acontecendo entre cosmólogos profissionais, e vamos analisar as melhores evidências atuais a favor ou contra cada uma delas.

Cada hipótese oferece um estilo bastante diferente de apocalipse, regido por um processo físico distinto, mas todas têm um elemento em comum: haverá um fim. Em todos os meus estudos, a produção acadêmica atual da cosmologia ainda não apresentou nenhuma sugestão séria de que o universo pode persistir, inalterado, para sempre. No mínimo, haverá uma transição que, em todos os sentidos práticos, destruirá *tudo*, deixando pelo menos as partes observáveis do cosmo inóspitas para qualquer estrutura organizada. Com isso em vista, chamarei isso de fim (e peço que qualquer onda temporariamente consciente de flutuação quân-

---

* E estamos falando do universo, então, quando me refiro a tudo, é TUDO mesmo.

tica aleatória* que estiver lendo isto me perdoe). Algumas das hipóteses contêm um suspiro de possibilidade de que o cosmo talvez se renove, ou até se repita, de alguma forma, mas ainda se discute acaloradamente se alguma lembrança tênue de versões anteriores será preservada, assim como se haveria a possibilidade, em princípio, de uma espécie de escapatória do apocalipse cósmico. O que parece mais provável é que o fim dessa pequena ilha de existência que conhecemos como universo observável seja, de fato, o fim. Vim aqui para dizer, entre outras coisas, como isso pode acontecer.

Só para deixar claro para todo mundo, vou começar com uma ligeira recapitulação sobre o universo, desde o início até os dias de hoje. Depois disso, vamos entrar na destruição. Ao longo de cinco capítulos, vamos explorar distintas possibilidades de fim, como ele aconteceria, que aspecto teria e como as mudanças do nosso conhecimento sobre a física da realidade nos conduzem de uma hipótese a outra. Vamos começar com o Big Crunch, o colapso espetacular que ocorreria no universo se nossa expansão cósmica atual se invertesse. Em seguida, dois capítulos vão descrever apocalipses provocados por energia escura, sendo um em que o universo continua se expandindo eternamente, esvaziando-se e escurecendo-se pouco a pouco, e outro em que o universo literalmente se dilacera. Depois disso vem o decaimento do vácuo, a produção espontânea de uma *bolha quântica de morte*** que devorará o cosmo. Por fim, vamos nos aventurar pelo território especulativo da cosmologia cíclica, incluindo teorias

---

* Por favor, resista até o capítulo 4, quando a comunidade do Cérebro de Boltzmann receberá a devida atenção.
** Tecnicamente, o nome certo é "bolha de vácuo verdadeiro", o que, verdade seja dita, também parece ameaçador pra caramba.

com dimensões espaciais extras, em que nosso cosmo pode ser destruído pela colisão com um universo paralelo... várias vezes. O capítulo de conclusão vai juntar tudo com referências atualizadas de especialistas que estão trabalhando nas últimas novidades sobre quais hipóteses parecem mais plausíveis hoje e o que novos telescópios e experimentos podem revelar para resolver essa questão de uma vez por todas.

Que significado isso pode ter para nós na condição de seres humanos, levando nossa vidinha aqui nesta vastidão insensível, já é outra história. Vamos apresentar uma série de perspectivas no epílogo e refletir se a consciência propriamente dita poderia deixar alguma forma de legado que resista à nossa destruição.*

Ainda não sabemos se o universo vai acabar em fogo, gelo ou alguma outra possibilidade mais inusitada. O que sabemos é que ele é um lugar imenso, lindo e realmente incrível, e que com certeza vale o nosso esforço de tentar explorá-lo. Enquanto ainda dá tempo.

---

* Mais um spoiler: é melhor não alimentar esperanças.

2. Do Big Bang até hoje

Começos implicam e requerem finais.
Ann Leckie, *Justiça ancilar**

Eu amo histórias de viagem no tempo. É fácil tergiversar sobre a física das máquinas do tempo ou hesitar diante dos vários paradoxos que surgem. Mas existe algo sedutor na ideia de que talvez consigamos descobrir um jeito de abrir o passado e o futuro à nossa exploração e intervenção, de permitir que saiamos deste trem desgovernado do "agora" que corre inexoravelmente rumo a um destino desconhecido. O tempo linear parece tão restritivo, até um desperdício — por que temos que perder para sempre todo aquele tempo, todas aquelas possibilidades? Só porque o ponteiro do relógio andou um pouco? Talvez tenhamos nos acostumado à rígida opressão cronológica, mas isso não quer dizer que gostamos da ideia.

* Trad. de Fábio Fernandes. São Paulo: Aleph, 2018. (N. T.)

Felizmente, a cosmologia pode ajudar. Não em nenhum sentido prático, claro — ainda estamos falando de um ramo relativamente esotérico da física que não vai ajudar em nada a recuperar aquele guarda-chuva que você esqueceu no trem ontem. Mas sim no sentido de que sua vida continua igual, mas absolutamente todo o resto da sua existência se transforma para sempre.

Para os cosmólogos, o passado não é um domínio perdido e inalcançável. É um lugar real, uma região observável do cosmo, e é onde nós passamos a maior parte do nosso horário de expediente. Podemos, do conforto de nossas mesas, observar o progresso de acontecimentos astronômicos que ocorreram há milhões ou até bilhões de anos. E não se trata de um segredo especial da cosmologia, é uma característica inerente da estrutura do universo em que vivemos.

Tudo se resume ao fato de que a luz leva um determinado tempo para viajar. A velocidade da luz é alta — cerca de 300 milhões de metros por segundo —, mas não é infinita. Em termos simples, quando você acende uma lanterna, a luz que sai dela percorre mais ou menos a distância de 30 centímetros por nanossegundo, e o reflexo dessa luz no que quer que seja que está sendo iluminado leva o mesmo tempo para voltar até você. Na verdade, sempre que você olha para algo, a imagem que você vê, que é só a luz que vem do objeto, já está um pouquinho velha quando chega ao seu olho. Pela sua perspectiva, a pessoa sentada do outro lado da cafeteria está alguns nanossegundos no passado, o que talvez ajude um pouco a explicar aquele ar melancólico e o jeito antiquado de se vestir. Tudo que você vê está no passado, pelo menos em relação a você. Se você olhar para a Lua, vai ver uma imagem com pouco mais de um segundo de idade. O Sol fica a mais de oito minutos no passado. E as estrelas que você vê à noite estão longe no passado, seja alguns anos ou milênios.

Pode ser que você já conheça esse conceito do atraso devido à velocidade de propagação da luz, mas ele tem implicações profundas. Significa que, como astrônomos, podemos olhar para o céu e presenciar a evolução do universo desde os primórdios mais remotos até os dias de hoje. Usamos a unidade de distância "ano-luz" na astronomia não só porque é uma medida convenientemente imensa (cerca de 9,5 trilhões de quilômetros), mas também porque ela nos indica quanto tempo a luz passou viajando desde o objeto que estamos olhando. Uma estrela a dez anos-luz de distância está dez anos no passado, pela nossa perspectiva. Uma galáxia a 10 bilhões de anos-luz de distância está 10 bilhões de anos no passado. Como o universo tem apenas cerca de 13,8 bilhões de anos de idade, essa galáxia a 10 bilhões de anos-luz pode nos revelar as condições do nosso universo quando ele ainda era jovem. Nesse sentido, olhar para o cosmo equivale a olhar para o passado.

Mas seria negligente da minha parte não fazer uma ressalva importante. Tecnicamente, não podemos ver *nosso* passado. O atraso devido à velocidade de propagação da luz significa que, quanto maior a distância até um objeto, mais longe esse objeto está no passado, e essa proporção é rigorosa: não só não é possível vermos o nosso passado, como também não podemos ver o presente dessas galáxias distantes. Quanto mais longe algo está, mais afastado está na linha do tempo cósmica.

Então, como podemos aprender algo de útil sobre nosso passado se só estamos vendo o passado remoto de outras galáxias distantes? A resposta é um princípio tão fundamental para a cosmologia que se chama literalmente *princípio cosmológico*. Dito de maneira simples, é a ideia de que, em termos práticos, o universo é basicamente igual em todo lugar. É óbvio que isso não vale em uma escala humana — a superfície da Terra é bem diferente do espaço sideral ou do centro do Sol —, mas, na escala de dimensões astronômicas em que podemos contar galáxias como pontinhos individualmente insignificantes, o universo parece igual em todas as direções, feito do mesmo material.* Essa ideia tem uma relação bem próxima com o princípio copernicano, que é a noção antigamente herege declarada por Nicolau Copérnico no século XVI de que não ocupamos um "lugar especial" no cosmo, de que estamos em um mero ponto genérico que bem pode ser aleatório. Então, quando olhamos para uma galáxia a 1 bilhão de anos-luz de distância e a vemos como ela era há 1 bilhão de anos, em um universo 1 bilhão de anos mais jovem do que o nosso universo atual aqui, podemos supor com bastante confiança que as condições *aqui* há 1 bilhão de anos teriam sido bastante similares. Isso até pode ser comprovado por observações, de certa forma. Estudos sobre a distribuição de galáxias pelo cosmo constatam que a uniformidade sugerida pelo princípio cosmológico se mantém em todas as direções em que olhamos.

A conclusão disso tudo é que, se quisermos aprender sobre a evolução do universo propriamente dito e sobre as condições em que nossa Via Láctea cresceu, basta *olhar para algo distante*.

E isso também significa que a cosmologia não chega a ter um conceito bem definido de "agora". Ou melhor, o "agora" que você conhece é extremamente específico para a sua experiência,

---

* A ficção científica adora ignorar isso. Tem um episódio antigo de *Jornada nas estrelas: A nova geração* em que eles viajam sem querer 1 bilhão de anos-luz em alguns segundos e vão parar em uma espécie de abismo brilhante de energia azul e pensamento que, se existisse mesmo, com certeza daria para ver em um telescópio.

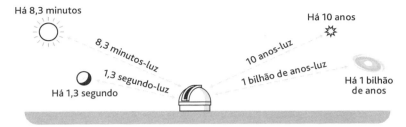

Figura 1: Tempos de viagem da luz. *Às vezes expressamos distâncias em segundos-luz, minutos-luz e anos-luz porque assim fica claro quanto tempo a luz passou viajando até nós e, portanto, até onde no passado estamos observando. (Nenhuma das ilustrações aqui está em escala!)*

o lugar onde você está e o que você está fazendo.* Mas o que significa quando dizemos que "aquela supernova está explodindo agora" se vemos a luz dela agora, e podemos observar a explosão da estrela agora, mas essa luz viajou por milhões de anos? Em essência, o que estamos observando está totalmente no passado, mas o "agora" para essa estrela explodida é algo que não temos como observar, e só receberemos notícias dela daqui a milhões de anos, de modo que isso, para nós, não é "agora", e sim o futuro.

Quando pensamos no universo em termos de algo que existe no *espaço-tempo* — uma espécie de grade universal que contém tudo e onde o espaço tem três eixos e o tempo é um quarto —, podemos pensar no passado e no futuro como pontos distantes na mesma malha, estendendo-se pelo cosmo desde a origem até o fim. Para uma pessoa sentada em outro ponto dessa malha, um evento que faça parte do nosso futuro pode ser um passado

---

* Isso acontece graças à relatividade. A relatividade especial diz que o tempo passa mais lentamente para nós quando estamos nos movendo a uma velocidade alta; a relatividade geral diz que ele fica mais devagar quando estamos perto de um objeto massivo.

distante. E a luz (ou qualquer informação) de um evento que só veremos daqui a milênios já está voando pelo espaço-tempo em nossa direção "agora". Esse evento está no futuro, no passado ou, talvez, nos dois juntos? Tudo depende da perspectiva.

Por mais confuso que seja visualizar isso se você costuma pensar em um mundo tridimensional,* para a astronomia a velocidade não infinita da luz é uma ferramenta fantástica. Por isso, em vez de procurar pequenas pistas sobre o passado distante do cosmo — seus rastros e resquícios —, podemos olhar diretamente para ele e vê-lo se transformar ao longo do tempo. Podemos observar o universo quando ele tinha apenas 3 bilhões de anos de idade, durante o período renascentista das formações de estrelas, quando as galáxias estavam vivendo uma explosão de luz (ainda que não de arte e filosofia), e podemos ver como esse brilho diminuiu com o passar das eras. Podemos olhar para um passado mais distante ainda e ver matéria mergulhando em buracos negros supermassivos em um universo com menos de 500 milhões de anos de idade, quando a luz das estrelas mal tinha começado a penetrar a escuridão entre as galáxias.

Em breve, com uma nova geração de telescópios espaciais, seremos capazes de observar algumas das primeiras galáxias que surgiram no cosmo — as que se formaram quando o universo tinha só algumas centenas de milhões de anos. Mas, se essas galáxias foram as primeiras, o que acontece se procurarmos mais longe que isso? É possível olharmos a um ponto tão distante em que ainda não existem galáxias? Temos planos para isso. Há radiotelescópios em construção que talvez consigam captar o material que criou as primeiras galáxias, ao explorar alguma interação fortuita entre a

---

* Em *De volta para o futuro*, quando Doc Brown proclamou que "Tem que pensar em quatro dimensões!", era com você que ele estava falando.

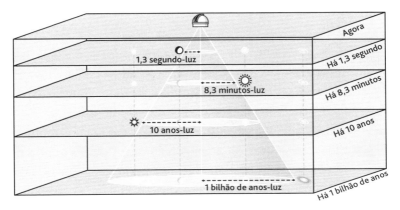

Figura 2: Diagrama da luz deslocando-se pelo espaço-tempo. *Neste diagrama, o tempo avança para cima, e estamos exibindo apenas duas dimensões espaciais, em vez de todas as três. A posição de quatro objetos estacionários no espaço está representada pelas linhas pontilhadas verticais, que marcam o mesmo lugar em momentos diferentes. O "cone de luz" é a região que podemos enxergar no passado em um observatório — ele contém tudo que está perto o bastante para que a luz tenha tido tempo de chegar até nós desde que foi emitida. Podemos ver uma galáxia a 1 bilhão de anos-luz de distância no estado em que ela se encontrava há 1 bilhão de anos, mas não podemos ver como ela está "agora", porque a versão de "agora" dessa galáxia está fora do nosso cone de luz.*

luz e o hidrogênio. Se olharmos diretamente para o hidrogênio, a matéria que um dia se tornará estrelas e galáxias, poderemos ver a formação das primeiríssimas estruturas do universo.

Mas e se tentarmos olhar para mais longe ainda? E se olharmos para a época antes das estrelas, antes das galáxias, antes do hidrogênio? Será que conseguimos ver o próprio Big Bang?

Sim. Conseguimos.

A VISÃO DO BIG BANG

O Big Bang costuma ser representado popularmente pela imagem de uma explosão — uma conflagração súbita de luz e matéria a partir de um único ponto que se inflou por todo o universo. Não foi assim. O Big Bang não foi uma explosão no universo — foi uma *expansão* do universo. E não aconteceu em um único ponto, mas em *todos* os pontos. No início do tempo, todos os pontos no espaço do universo atual — um local na periferia de uma galáxia distante, um pedaço de espaço intergaláctico no outro extremo, o quarto onde você nasceu —, tudo estava tão próximo que chegava a se encostar, e, nesse mesmo primeiro momento, todos estavam se afastando rapidamente um do outro.

A lógica da teoria do Big Bang é bem simples. O universo está em expansão — é possível ver que a distância entre as galáxias aumenta com o tempo —, o que significa que a distância entre as galáxias era menor no passado. Podemos, por meio de um exercício de reflexão, rebobinar a expansão que estamos vendo hoje e extrapolar para bilhões de anos no passado até atingirmos um momento em que a distância entre as galáxias devia ser zero. O universo observável, que contém tudo o que vemos hoje, deve ter ocupado um espaço muito menor, mais denso e mais quente. Mas o universo observável é só a parte do cosmo que conseguimos ver agora. Sabemos que esse espaço é muito maior do que isso. Na verdade, com base no que sabemos, é perfeitamente possível, e talvez provável, que o universo tenha um tamanho infinito. O que significa que, no início, ele também era infinito. Só muito mais denso.

Não é fácil visualizar isso. Os infinitos têm essa dificuldade. O que significa ter espaço infinito? O que significa um espaço infinito se expandir? Como um espaço infinito fica *mais* infinito?

Sinto muito, mas acho que não tenho como responder.

Simplesmente não existe uma forma fácil de acomodar um espaço infinito dentro de um cérebro finito. O que eu posso dizer é que a matemática e a física possuem meios de lidar com infinitudes que fazem sentido e não quebram tudo. Meu trabalho, como cosmóloga, parte da premissa básica de que o universo pode ser descrito pela matemática e de que, se a matemática funciona e ajuda a tratar de problemas novos, então eu a uso.* Ou, para ser mais precisa, se a matemática funciona e algo que parta de outra premissa (por exemplo, que o universo não seja *exatamente* infinito, mas que seja tão grande que não temos a menor condição de identificar seus contornos) também funciona, mas não faz a menor diferença para nossa experiência nem pode ser mensurado de forma alguma, é melhor partirmos da premissa mais simples por enquanto. Sendo assim: universo infinito. Dá para trabalhar com isso.

Seja como for, quando falamos da teoria do Big Bang, no fundo o que estamos dizendo é o seguinte: com base em nossas observações da expansão atual e de seu histórico, podemos concluir que houve um momento em que o universo era, em todas as partes, muito mais quente e denso do que hoje.** Esse período

---

* Estou sendo um pouco impertinente aqui, mas esse detalhe é bem importante. Até o momento, na física, a maior parte do que já fizemos foi descrever o universo com construções matemáticas chamadas de *modelos* e usar experimentos e observações para testar e refinar esses modelos, até chegarmos a um modelo que pareça se encaixar melhor do que outros nas observações. E, depois, começamos a tentar romper o modelo. A questão não é que achamos que a matemática seja fundamental para o universo, mas que parece não haver nenhuma outra forma através da qual faça sentido abordar esses temas.

** "Our WHOLE universe was in a hot dense state, then nearly 14 billion years ago expansion started..." [Nosso universo TODO encontrava-se em um estado quente e denso, e aí quase 14 bilhões de anos atrás começou a expansão...] Pois é, os Barenaked Ladies acertaram: o começo da música-tema da série *Big Bang Theory* na verdade é um resumo muito bom da própria teoria.

em que o universo era quente e denso é às vezes chamado de "Big Bang Quente", e hoje sabemos que ele está situado entre o ano 0 e algum ponto do ano 380 mil.*

Nós podemos até quantificar o que é "quente e denso" e traçar a história do universo desde o cosmo fresco e agradável que desfrutamos hoje até os seus primórdios, quando era uma panela de pressão tão extrema e infernal que nossos conhecimentos sobre as leis da física são estilhaçados.

Mas isso não é só um exercício teórico. Uma coisa é extrapolar matematicamente a expansão e calcular pressões e temperaturas maiores; outra é observar diretamente esse infernoverso.**

A RADIAÇÃO CÓSMICA DE FUNDO EM MICRO-ONDAS

A história de como fomos de pensar no Big Bang até vê-lo é um exemplo clássico de acaso fortuito de descobertas cosmológicas. Em 1965, um físico chamado Jim Peebles, da Universidade de Princeton, estava fazendo os cálculos, revertendo a expansão cósmica e chegando à conclusão chocante de que a radiação do Big Bang devia estar reverberando pelo universo até hoje. E não só isso: ela também devia ser detectável. Ele calculou a frequência e a intensidade estimada dessa radiação e se juntou aos colegas Robert Dicke e David Wilkinson para começar a construir um instrumento capaz de mensurá-la. Enquanto isso, sem que eles soubessem, na Bell Labs, bem perto dali, uma dupla de astrônomos,

---

* É claro que isso foi antes de existir o conceito de "anos", porque foi antes de um planeta orbitar uma estrela e definir uma unidade de tempo. Mas, para facilitar a nossa vida, podemos adotar nossas unidades e extrapolar até o passado, chamar tudo de segundos e anos e atribuir números.
** Acabei de inventar esse termo, e me sinto muito orgulhosa.

Arno Penzias e Robert Wilson, se preparava para fazer um pouco de astronomia com um detector de micro-ondas que fora usado antes para fins comerciais. (Micro-ondas são só um tipo de luz no espectro eletromagnético, de uma frequência mais alta que o rádio, mas abaixo do infravermelho ou da luz visível.) Quando Penzias e Wilson, que não tinham o menor interesse em aplicações comerciais e só queriam saber de estudar o céu, estavam calibrando o instrumento para a pesquisa, eles descobriram um zumbido estranho na recepção. Aparentemente, ele não tinha interferido no uso anterior do telescópio, que detectava sinais de comunicação rebatidos em balões meteorológicos de grande altitude, então os pesquisadores o ignoraram. Mas eles estavam ali para fazer *ciência*, e o aparelho precisava ser consertado. O zumbido aparecia em todas as direções para onde o detector era apontado; era, sem dúvida, muitíssimo inconveniente.

Interferência em telescópios é um problema comum durante a fase de calibragem de uma sessão de observação e pode acontecer de várias formas. Pode ser por causa de um fio solto em algum lugar, por alguma transmissão próxima ou por qualquer chateação mecânica. (Uma grande descoberta recente na radioastronomia revelou que uns disparos intrigantes de radiação identificados pelo radiotelescópio Parkes na verdade eram resultado de um forno de micro-ondas bastante entusiasmado no refeitório.) Penzias e Wilson examinaram cada centímetro do detector e chegaram a considerar a possibilidade de que um ninho feito na antena por um pequeno grupo de pombos fosse a causa do zumbido.[*] Contudo, por mais que eles tentassem consertar o problema, o zumbido não desaparecia, e eles nunca descobriram qualquer

---

[*] Infelizmente, a investigação dessa pista não acabou bem para os pombos, que eram inocentes de qualquer crime.

interferência que o explicasse. Mas o que podia ser? Qualquer coisa que viesse dos planetas ou do Sol só apareceria em horas e em direções específicas, e nem mesmo as emissões da nossa Via Láctea seriam completamente uniformes.

Aí entra em cena a equipe de Princeton. De um jeito meio torto.

Recuando um pouco, os cálculos de Peebles tinham indicado que, se o universo era quente em toda parte no início, então devíamos estar imersos na radiação remanescente até hoje. Ele estava pensando no seguinte: se olhar para mais longe era o mesmo que olhar para um passado mais distante, e se houve um momento no passado remoto em que o universo era basicamente uma grande bola de fogo que tudo continha, então devia ser possível olhar tão longe a ponto de ver uma parte do universo *ainda pegando fogo*. Ou, pensando de outra forma: se, há 13,8 bilhões de anos, todo o universo talvez infinito estava brilhando de radiação, deve haver partes dele tão distantes que esse brilho só está nos alcançando agora, depois de passar todo esse tempo viajando pelo espaço em processo de expansão e resfriamento. Se olharmos para qualquer direção, e formos longe o bastante, vamos ver esse universo distante em chamas. Não estamos olhando para partes diferentes do *espaço*, e sim para um *tempo* em que TODO o espaço estava pegando fogo.

Portanto, essa radiação de fundo deve vir de todos os lados. E deve vir de todos os lados onde quer que estejamos, porque é sempre possível olhar para longe o bastante até ver a fase quente do cosmo. Esse é um brinde da relação velocidade da luz/viagem no tempo. Todo ponto do espaço é o centro de sua própria esfera de tempo, que se aprofunda incessantemente, envolta por uma casca de fogo.

Peebles se deu conta disso e, como é comum entre os físicos, conversou com os colegas sobre suas ideias extremamente piradas. Ele até circulou uma versão preliminar de um artigo que descrevia o que ele e os colegas pretendiam fazer para detectar essa radiação. Essa história então percorreu os sessenta quilômetros até o Bell Labs — através de dois físicos não relacionados, um avião, e Porto Rico.

Ken Turner, que assistira à palestra de Peebles, foi visitar o radiotelescópio de Arecibo e, na viagem de volta, no avião, conversou com o também astrônomo Bernard Burke sobre como seria legal detectar essa radiação do Big Bang. Quando chegou ao trabalho, Burke atendeu a uma ligação de Penzias para falar de outros assuntos profissionais e comentou, por acaso, sobre a conversa com Turner no avião.* Nesse momento, imagino que Penzias tenha precisado se sentar um pouco; estava claro agora que ele e Wilson haviam acabado de se tornar os primeiros seres humanos a *ver o Big Bang de fato*. Ele tirou uns dias, conversou com o colega e, depois, telefonou para Robert Dicke, que na mesma hora se virou para Peebles e Wilkinson e disse: "Fomos passados para trás".

---

* Sem saber nada dessa história, exceto a parte sobre os pombos, encontrei Bernard Burke por acaso alguns anos atrás, no MIT. Estávamos conversando, como costumam fazer os físicos, quando ele começou a me falar de um trabalho que tinha feito no passado. Eu não estava acompanhando muito bem até que me dei conta de que ele se referia ao telefonema com Penzias, mencionando casualmente o fato de ter sido o agente catalisador de uma das descobertas mais importantes da história da física. Algo parecido aconteceu comigo há alguns anos em um congresso, quando conheci Tom Kibble, que desenvolveu grande parte da teoria em torno do bóson de Higgs. Moral da história: prestem atenção aos professores eméritos; é possível que eles tenham revolucionado discretamente toda a sua área de pesquisa.

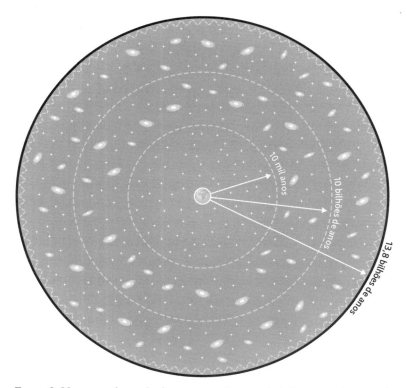

Figura 3: Um mapa ilustrado do universo observável. A distâncias distintas de nosso ponto de referência na Terra, podemos ver épocas distintas do passado. O tempo retrospectivo (a quantidade de anos antes de hoje) aparece indicado em cada esfera em torno de nós nesse diagrama. A maior distância que podemos enxergar, mesmo em princípio, corresponde à distância entre nós e um ponto de onde a luz sairia no momento de origem do universo e chegaria a nós agora. Isso define uma esfera à nossa volta conhecida como universo observável.

E tinham sido mesmo. Penzias e Wilson acabariam por ganhar o Prêmio Nobel de 1978 pela primeira observação do que veio a ser conhecido como a *radiação cósmica de fundo em micro-ondas*.[*]

A radiação cósmica de fundo em micro-ondas, ou RCFM, acabou por se tornar uma das nossas ferramentas mais importantes para estudar a história do universo. É difícil exagerar sua importância, tanto como conjunto de dados astronômicos quanto como realização tecnológica. Agora é possível coletar, analisar e mapear o brilho dos primórdios quentes do cosmo. A primeira informação que ela nos dá é: a hipótese de que o universo primordial era um grande inferno brilhante de calor foi totalmente confirmada.

Mas como podemos ter certeza de que a luz de fundo que detectamos veio mesmo da bola de fogo primordial e não, digamos, de algum grupo de estrelas esquisitas e muito distantes? A questão é que o espectro da luz — a variação de brilho quando ela é mensurada em frequências distintas — tem um detalhe que denuncia esse fato.

Digamos que você tenha uma lareira e enfie um atiçador no fogo até ele ficar vermelho. Esse brilho vermelho não é uma propriedade do metal especificamente, e sim um fenômeno que acontece com qualquer coisa que seja aquecida (sem pegar fogo). Esse brilho é chamado de "radiação térmica", e a cor só depende da temperatura. Um brilho azul é mais quente que um brilho vermelho. Na verdade, se pudéssemos enxergar a luz infravermelha, veríamos radiação térmica saindo de pessoas, comida quente e calçadas ensolaradas o tempo todo. A radiação térmica humana é emitida em uma frequência baixa de luz infravermelha porque

---

[*] Durante a escrita deste livro, fiquei emocionada com a notícia de que Peebles ganhou o Nobel em 2019 — em parte, pelo lado teórico dessa descoberta. Então talvez haja alguma justiça, no fim das contas. Menos para os pombos.

nossa temperatura é muito menor que a de uma fogueira, a menos que haja algo muito errado com o nosso corpo.

Mas a cor que nós vemos não é toda a luz produzida. À exceção dos lasers, qualquer coisa que produza luz a emite em uma variedade de frequências (ou cores), e a cor que o olho enxerga é apenas aquela em que a luz é mais intensa. (É por isso que lâmpadas incandescentes são tão quentes: embora a maior parte da luz que elas emitem seja visível, muita luz é produzida também na parte infravermelha do espectro, o que as faz esquentar.) Para qualquer radiação térmica, inclusive a emitida por atiçadores, por pessoas e por aquelas chaminhas azuis dos fogões a gás, a intensidade da luz muda de acordo com a frequência exatamente do mesmo jeito. A luz é mais brilhante em alguma cor principal, dependendo da temperatura, e se enfraquece rapidamente nas cores de cada lado. Se traçarmos um gráfico de como a intensidade aumenta e diminui com a frequência, teremos uma imagem que chamamos de *curva do corpo negro* — uma curva reproduzida por qualquer coisa que brilhe por estar quente.* E acontece que, quando mensuramos a intensidade da radiação cósmica de fundo em micro-ondas em frequências diferentes, obtemos a curva do corpo negro mais perfeita já encontrada na natureza. A única maneira de explicar esse fato é assumindo que o próprio universo já tenha sido, em algum momento, em todas as partes, extremamente quente.

---

* O termo "corpo negro" vem da ideia de um objeto — um "corpo" — que absorva perfeitamente toda a luz que o atinge e a reflita como calor puro. A maioria dos objetos não faz isso de forma perfeita, claro; eles refletem um pouco da luz, e uma parte é absorvida sem voltar a ser emitida. Mas a maioria dos materiais, ao ser aquecida, vai produzir um brilho de forma reconhecível no formato aproximado de uma curva de corpo negro.

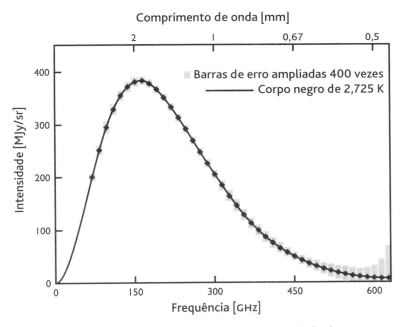

Figura 4: O espectro do corpo negro da radiação cósmica de fundo em micro-ondas. A altura da curva indica a intensidade da radiação em determinada frequência ou comprimento de onda. Os pontos são representados com barras de erro para indicar as incertezas da mensuração, mas com o tamanho das incertezas ampliado quatrocentas vezes para que elas não fiquem todas completamente ocultas na largura do traçado, que é o espectro que se esperaria ver em algo brilhando com a temperatura de 2,725 Kelvin (-270°C).

Reza a lenda que, quando esse resultado foi apresentado em forma de gráfico pela primeira vez, em uma palestra durante um congresso, a plateia chegou a gritar vivas. Parte do entusiasmo sem dúvida se deveu ao fato de a mensuração ser extremamente impressionante e se encaixar com perfeição na teoria (o que sempre é legal de ver). Mas tenho certeza de que a outra parte se deveu ao fato de as pessoas terem percebido que estavam

VENDO O BIG BANG. *Vendo* mesmo. Eu sou uma das que ainda não superou totalmente a experiência.

Fora a piração toda do conceito, a RCFM nos abre uma janela inestimável para os primeiros instantes do universo e para o modo como ele cresceu e evoluiu ao longo do tempo. Além disso, nos dá algumas pistas do rumo que tudo está tomando, como veremos nos próximos capítulos.

Dito isso, quando fazemos um mapa da RCFM mostrando a variação de cor da luz pelo céu, a imagem mesmo é meio sem graça: é *quase praticamente* uma única cor em todas as partes. Porém, os minúsculos desvios que podem ser detectados, por menores que sejam, são muito reveladores. Quando aumentam o contraste o bastante para mostrar um pouco dessa variação de cores, os astrônomos podem constatar que a RCFM parece ligeiramente manchada, como se alguém tivesse pintado um quadro do céu com pontilhismo usando um pincel do tamanho da Lua cheia vista da Terra. Essas manchas se agrupam em blocos de uma cor só em alguns lugares e se misturam em outros, e algumas partes são ligeiramente mais vermelhas, enquanto outras são ligeiramente mais azuis.[*] As variações de cor revelam lugares onde o turbilhão de plasma cósmico primordial era ligeiramente mais frio ou mais quente, devido a mudanças muito, muito sutis de densidade — cada ponto tem uma densidade que se desvia da média em no máximo cerca de uma parte em 100 mil. (Para ter uma noção do que uma parte em 100 mil significa, imagine uma lata vazia de refrigerante dentro de uma piscina no quintal.)

---

[*] A luz detectada encontra-se na região de micro-ondas do espectro, então "mais vermelhas" significa uma radiação de micro-ondas de frequência mais baixa e "mais azuis" significa uma radiação de micro-ondas de frequência mais alta. No entanto, quando fazemos os mapas, usamos cores como o vermelho e o azul mesmo, porque é assim que são os olhos humanos.

É possível, com cálculos cuidadosos, estimar como essas pequenas variações de densidade estão destinadas a crescer ao longo do tempo, desde fagulhas minúsculas até, com o passar dos milênios, aglomerados inteiros de galáxias. O colapso gravitacional é um negócio poderoso. Se houver um punhadinho de matéria mais denso do que a matéria que o cerca, ele atrairá a matéria desses pontos menos densos, o que aumenta o contraste, o que atrai mais matéria, e assim sucessivamente. Os ricos ficam mais ricos e os pobres ficam mais pobres.

Se usarmos simulações de computador para ver a passagem de bilhões de anos no espaço de apenas segundos, poderemos observar enquanto uma porção de matéria apenas ligeiramente mais densa do que a matéria mais próxima atrai uma quantidade suficiente de gás à sua volta para formar a primeira estrela do universo. Essas estrelas se formam dentro das primeiras galáxias, que se agrupam em aglomerados de galáxias, e esse conjunto transforma a malha toda manchada da RCFM no que agora reconhecemos como uma rede cósmica: uma combinação venosa de nós, filamentos e vazios delineada pelo brilho das galáxias, como gotas de orvalho numa teia de aranha. Se compararmos o resultado de uma dessas simulações com um mapa propriamente dito do cosmo, onde cada galáxia é um ponto em um mapa tridimensional gigantesco, a semelhança será tão incrível que não vai dar para perceber nenhuma diferença.

Então. O Big Bang aconteceu. Já vimos, já calculamos, a física bate. Agora, vamos nos reunir em volta do brilho do corpo negro cósmico e contar a história da origem do cosmo.

Figura 5: A radiação cósmica de fundo em micro-ondas. *Este é um mapa de frequência de micro-ondas do céu projetado em forma oval em uma representação cartográfica de Mollweide (desconsiderando a emissão de nossa própria galáxia). As regiões mais escuras indicam emissões de micro-ondas ligeiramente mais frias (frequência mais baixa, ou mais vermelha), e as regiões claras são de emissões ligeiramente mais quentes (frequência mais alta, ou mais azul). Elas indicam, respectivamente, partes do universo primordial que eram um pouco mais ou um pouco menos densas do que o entorno, em uma escala de uma parte em 100 mil.*

NO PRINCÍPIO

Nem toda a história do cosmo é tão diretamente visível quanto a radiação cósmica de fundo em micro-ondas. É extremamente difícil observar o período de algumas centenas de milhares de anos antes do fim da fase de bola de fogo, e o de cerca de meio milhão de anos imediatamente depois. No primeiro caso, isso acontece por causa do excesso de luz (imagine tentar enxergar através de uma muralha de fogo), e, no segundo, por causa da escassez (imagine tentar enxergar um punhado de grãos de poeira flutuando no ar entre você e uma muralha de fogo). Mas a RCFM, bem no meio, proporciona uma âncora firme para extrapolações nos dois sentidos, e agora temos uma narrativa convincente de como o universo evoluiu ao longo do tempo, desde o primeiro bilionésimo de bilionésimo de bilionésimo de segundo até hoje, 13,8 bilhões de anos depois.

Vamos lá?

No princípio, havia a singularidade.

Bom, talvez. A singularidade é aquilo em que a maioria das pessoas pensa quando pensa no Big Bang: um ponto infinitamente denso a partir do qual tudo no universo se espalhou em uma explosão. Só que uma singularidade não precisa ser um ponto — pode ser apenas um estado infinitamente denso em um universo infinitamente grande. E, como já vimos, não houve uma explosão propriamente dita, já que uma explosão sugere uma expansão *em algo*, em vez de uma expansão *de tudo*. A ideia de que tudo começou com uma singularidade surgiu quando se observou a expansão atual do universo, se aplicaram as equações de gravidade de Einstein e se extrapolou para trás. Mas é possível que essa singularidade nunca tenha existido. A maioria dos físicos acredita que, uma fração de segundo depois do que quer que tenha sido o "começo" verdadeiro, houve uma superexpansão drástica que, na prática, apagou todos os rastros do que existia antes. Então a singularidade é uma hipótese para o que pode ter dado início a tudo, embora não tenhamos como saber ao certo.

Existe também a questão do que havia "antes" da singularidade. A depender de quem estiver perguntando, ela pode ser uma besteira incoerente (porque a singularidade foi o início tanto do tempo quanto do espaço, então não havia "antes") ou uma das dúvidas mais cruciais da cosmologia (porque a singularidade pode ter sido o final de uma fase anterior de um universo cíclico: um ciclo que vai do Big Bang ao Big Crunch e vice-versa por toda a eternidade). Vamos falar dessa possibilidade no capítulo 7, mas, enquanto isso, não resta muito a dizer da singularidade além do fato de que talvez tenha acontecido. Mesmo se tivéssemos confiança para retroceder a expansão até esse momento, uma singularidade representa um estado de matéria e energia tão extremo que seria impossível descrevê-la com nossos atuais conhecimentos da física.

Para os físicos, uma singularidade é algo patológico. É um lugar nas equações onde alguma quantidade que costuma se comportar bem (como a densidade da matéria) vai para o infinito, e a partir daí não é mais possível realizar cálculos que façam sentido. Na maior parte das vezes, quando nos deparamos com uma singularidade, trata-se de uma indicação de que houve algum problema nos cálculos e é preciso refazê-los. Encontrar uma singularidade em uma teoria é como ter o GPS do carro nos conduzindo até a margem de um lago, então nos mandando desmontar o carro, transformá-lo em barco e remar o carro-barco novo até a outra margem. Talvez essa seja mesmo a única forma de chegar aonde estamos tentando ir, mas o mais provável é que tenhamos pegado uma saída errada alguns quilômetros atrás.

Na prática, porém, nem é necessário acontecer algo tão evidentemente disfuncional como uma singularidade verdadeira para arrasar a física que conhecemos. Sempre que temos muita energia em um espaço muito pequeno, precisamos lidar com a mecânica quântica (a teoria que rege a física de partículas) e com a relatividade geral (a teoria da gravidade) ao mesmo tempo. Em circunstâncias normais, só lidamos com uma ou outra, porque, quando a gravidade é importante, geralmente é porque estamos falando de algo imenso, então dá para ignorar as partículas individuais, e quando a mecânica quântica é importante, no nível das partículas, estamos falando de massas tão pequenas que a gravidade é uma parte totalmente desprezível da interação. Mas, com densidades extremas, precisamos trabalhar com as duas coisas, e elas não conversam bem entre si, *nem um pouco*. A gravidade extrema tem a ver com objetos massivos bem-definidos que distorcem o espaço e alteram o fluxo do tempo; a mecânica quântica permite que partículas atravessem paredes sólidas ou existam apenas como nuvens difusas de probabilidade. A incompatibilidade fundamental das nossas teorias sobre o muito massivo e o muito pequeno é um dos fatores que sugerem a direção que deveríamos tomar ao propor teorias novas e mais completas. Mas é também um fator bastante inconveniente quando estamos tentando explicar o universo muito primordial.

Sem uma teoria completa da gravitação quântica (algo que concilie a física de partículas e a gravidade), só podemos extrapolar o passado do universo até um certo limite sem que as coisas deixem de fazer sentido. Fatalmente chegamos a um momento em que nada mais vale. Nesse ponto, as densidades são tão altas que esperamos efeitos gravitacionais extremos concorrendo com a incerteza inerente da mecânica quântica, e não temos a menor ideia do que fazer nessa situação. Buracos negros microscópicos se formam (por causa da gravidade forte), mas ficam pipocando entre a existência e o nada aleatoriamente (por causa da incerteza quântica)? O tempo faz algum sentido quando o formato do espaço tem a previsibilidade de um jogo de dados? Se os reduzirmos a uma escala pequena o bastante, o espaço e o tempo atuam como partículas discretas, ou talvez como ondas que interferem uma na outra? Existem buracos de minhoca? Existem dragões??? Não fazemos a menor ideia.

Mas, como precisamos quantificar exatamente nosso grau de confusão e em que momento essa confusão se instala, chamamos isso de tempo de Planck,* que é o período entre zero e cerca de 10^{-43} segundo. Se você não está familiarizado com notações científicas, 10^{-43} segundo é igual a um segundo dividido por 10 000000000000000000000000000000000000000000 (1 seguido de 43 zeros). Basta dizer que é um período extraordinariamente curto. E, para deixar claro, não é que necessariamente *sejamos* capazes de explicar tudo a partir do tempo de Planck, mas, hoje, definitivamente *não somos* capazes de explicar nada antes disso.

Resumindo o que temos até aqui: pode ser que tenha havido uma singularidade. Se houve, foi seguida imediatamente de uma era que não temos muito como descrever chamada tempo de Planck.

Para falar a verdade, toda a cronologia do universo primordial ainda é pura extrapolação — e, não me incomodo de admitir, não devemos confiar totalmente nela. Um universo que começa com uma singularidade e se expande a partir desse momento passa por uma variação incrivelmente extrema de temperaturas, desde um calor basicamente infinito no momento da singularidade até o ambiente fresco e confortável do cosmo atual, estacionado em cerca de três graus acima do zero absoluto. O que podemos é inferir como seria a física nesses ambientes, e é por isso que temos a sequência que estou apresentando neste capítulo. E, embora a teoria padrão do Big Bang, com a expansão estável a partir de uma singularidade, tenha alguns problemas importantes (dos quais vou falar em breve), ainda assim podemos aprender

---

* Em homenagem a Max Planck, um dos primeiros proponentes da teoria quântica. Existem também energia, comprimento e massa de Planck, todos definidos por diversas combinações de constantes fundamentais, incluindo a constante de Planck, que é crucial para qualquer coisa dotada de natureza quântica. Se você encontrar a constante de Planck nas suas equações, já sabe que as coisas provavelmente vão ficar esquisitas.

muito sobre a física se pensarmos no que pode ter acontecido se a teoria padrão estiver certa.

A ERA GUT

Segundo a narrativa padrão do Big Bang, depois do tempo de Planck vem a era GUT. (Estou usando o termo "era" aqui para me referir a algo que dura cerca de 10^{-35} segundos.) "GUT" significa *grand unified theory* ou teoria da grande unificação, que é o ideal físico e utópico de uma teoria "unificada" capaz de descrever como todas as forças na física de partículas atuavam em conjunto sob as condições extremas do universo nesse estágio primitivo. Embora o universo estivesse se resfriando depressa, ainda estava tão quente que a quantidade de energia em todos os pontos do espaço era mais de 1 trilhão de vezes maior do que a energia gerada pelas colisões mais poderosas em nossos colisores de partículas mais avançados. Infelizmente, e em parte por causa desse fator de 1 trilhão que nos impede de realizar testes experimentais, a teoria ainda está em processo de construção. Mas, considerando que é uma teoria de que não dispomos atualmente, até que dá para falar bastante dela e de como ela é diferente do que vemos hoje.

No dia a dia do universo moderno, cada uma das forças fundamentais da natureza tem uma função distinta. A gravidade nos prende ao chão, a eletricidade mantém as luzes acesas, o magnetismo prende nossa lista de mercado na porta da geladeira, a força nuclear fraca garante que o reator nuclear no nosso quintal continue brilhando com um belo e firme azul e a força nuclear forte evita que os prótons e nêutrons do nosso corpo se desintegrem nos pedaços que os compõem. Mas as leis da física que regem a maneira como essas forças atuam, como interagem umas com as outras e até a possibilidade de distingui-las ou não depende das condições em que elas são mensuradas — para ser mais específica, da energia ambiente, ou temperatura. A partir de um certo nível de energia, as forças começam a se misturar e combinar, reorganizando a estrutura de interações de partículas e as próprias leis da física.

Já se sabe há algum tempo que, até mesmo em circunstâncias cotidianas, a eletricidade e o magnetismo são aspectos do mesmo fenômeno: é por isso que existem eletroímãs e que dínamos conseguem gerar eletricidade. Esse tipo de unificação é como chocolate para os físicos. Sempre que conseguimos pegar dois fenômenos complexos e dizer "Na verdade, olhando por *esse* lado, eles são A MESMA COISA", o que acontece é basicamente uma explosão de alegria científica. Em alguns aspectos, o objetivo máximo da física teórica é este: descobrir um jeito de pegar todas as coisas complicadas e confusas que vemos à nossa volta e reorganizá-las em algo bonito e compacto e simples que só *pareça* complicado por causa da nossa perspectiva esquisita de baixa energia.

No que diz respeito às forças da física de partículas, essa missão se chama grande unificação. Com base em teorias e extrapolações observadas em experimentos de laboratório, acredita-se que, sob energias muito altas, o eletromagnetismo, a força fraca e a força forte se juntem para formar algo novo, ao ponto em que é impossível distingui-los — eles todos fazem parte da mesma grande mistura de energia de partículas regida por uma teoria da grande unificação. Algumas GUTs já foram desenvolvidas e propostas, mas a dificuldade de acessar o nível de energia em que a unificação ocorre complica o esforço de confirmá-las ou refutá-las, então é melhor chamar essa área de "área de pesquisa ativa" — que aliás faria muito bom proveito de mais investimentos, se você quiser colaborar.

Talvez você tenha reparado que a gravidade não foi convidada para a festa da GUT. Para incluir a gravidade na história, precisamos de algo ainda mais grandioso e unificador do que uma teoria da grande unificação, precisamos de uma teoria de tudo (ou TOE — *theory of everything* —, na sigla em inglês). Entre os físicos, existe uma crença geral de que, em algum momento por volta do tempo de Planck, a gravidade *era* unificada, de alguma forma, às outras forças (junto com os dragões e tudo o mais que estivesse acontecendo na época). Mas, como já vimos, a relatividade geral e a física de partículas não gostam de trabalhar juntas em sua forma atual, então avançamos menos ainda rumo a uma teoria de tudo do que a uma teoria da grande unificação. Muita gente está apostando que a teoria das cordas vai ser a grande teoria de tudo. Mas se você estava achando que as GUTs eram difíceis de serem verificadas experimentalmente, talvez as TOEs sejam impossíveis de testar, ao menos com qualquer forma de tecnologia de que dispomos hoje. De vez em quando estouram discussões quanto a isso ser ou não verdade, e se teorias impossíveis de testar deveriam ser chamadas de ciência. Não acho que a situação seja tão dramática assim. A cosmologia pode oferecer soluções (e não, não estou falando isso só porque sou cosmóloga). Em certas circunstâncias, com um pouco de criatividade, existem algumas possibilidades interessantes para usar observações do cosmo a fim de testar previsões da teoria das cordas e ideias relacionadas. Se sobrevivermos à coleção de apocalipses nos próximos capítulos, vamos ver como a cosmologia talvez seja capaz de nos mostrar mais sobre a estrutura fundamental do universo do que qualquer experimento com partículas.

Mas vamos voltar para nossa história. Acabamos de escapar das confusões em torno do tempo de Planck, do quantum e da gravidade e estamos apreciando a união de forças fundamentais da era GUT, que é só um pouquinho menos especulativa.

INFLAÇÃO CÓSMICA

O que aconteceu depois disso ainda é objeto de discussão, mas é quase consenso entre os cosmólogos que foi em algum momento por volta desse instante que o universo passou de repente pelo suprassumo dos estirões de crescimento — um processo que chamamos de *inflação cósmica*. Por motivos que ainda estamos tentando compreender, a expansão do universo entrou de repente em uma marcha muito acelerada, e a região que um dia se tornaria todo o nosso universo observável aumentou de tamanho a uma proporção de mais de 100 trilhões de trilhões (ou seja, 10^{26}). É claro que isso só resultou em algo mais ou menos do tamanho de uma bola de futebol, mas, considerando que o ponto de partida foi algo inconcebivelmente menor que qualquer partícula conhecida, e que esse crescimento aconteceu ao longo de um período da ordem de 10^{-34} segundos, faz sentido ficarmos impressionados.

A teoria da inflação apareceu para resolver alguns problemas bem intrigantes do modelo padrão do Big Bang. Um deles tem a ver com a estranha uniformidade da radiação cósmica de fundo em micro-ondas, e outro, com suas minúsculas imperfeições.

O problema da uniformidade é que a cosmologia padrão do Big Bang não oferece nada que explique como todo o universo observável, incluindo partes em regiões completamente opostas do céu, acabaram tendo a mesma temperatura nos primeiros instantes. Quando olhamos para o brilho residual do Big Bang, vemos a mesma coisa por todos os lados com uma precisão extremamente alta, o que, se pararmos para pensar, é uma coincidência muito estranha. Normalmente, duas coisas podem adquirir a mesma temperatura se estiverem no que chamamos de *equilíbrio termodinâmico*. Isso só significa que é possível haver troca de calor entre elas, e tempo para isso acontecer. Se deixarmos uma xícara de café dentro de uma sala por tempo suficiente, o café e o ar da sala vão interagir até, em algum momento, o café ficar em temperatura ambiente e a sala, um pouquinho mais quente. O problema da imagem padrão do universo primordial é que ela não inclui uma situação em que duas partes distantes do universo fossem capazes de interagir e entrar em acordo quanto à temperatura. Se considerarmos dois pontos em extremos opostos do céu e calcularmos a distância entre eles agora e a distância entre eles no início de tudo, há 13,8 bilhões de anos, fica claro que nunca houve um momento na história do universo em que eles estivessem perto o bastante para raios de luz irem de um lado a outro e conduzirem o processo de equilíbrio. Um raio de luz saído de um desses pontos no começo do universo não teria tempo para percorrer a distância necessária até o outro, nem em 13,8 bilhões de anos. Eles estão, e sempre estiveram, fora do horizonte um do outro: completamente incapazes de se comunicar.* Então, ou essa é a coincidência mais gigantesca do universo, ou algo aconteceu bem no início para produzir esse equilíbrio.

---

* Essa explicação simplificada tem uma sutileza que sempre me incomodou. Estou dizendo que, por um lado, essas regiões nunca se comunicaram em toda a história do cosmo, mas também estou dizendo que o universo começou com uma singularidade em que, imagina-se, todas as distâncias entre tudo eram iguais a zero. Mas isso não resolve o problema pelo seguinte motivo: considere dois pontos em cantos opostos do céu agora. Digamos, a título de reflexão, que a distância entre eles na hora zero fosse zero. O problema é que, em qualquer momento APÓS zero, essas partes não tiveram contato — não teria sido possível haver troca de informação entre elas (como um raio de luz transportando informações sobre a temperatura). Aí você pergunta: e na hora zero? Ainda que possamos chamar o primeiro instante de hora zero, é literalmente zero. O tempo começou na singularidade. Então não houve tempo para a troca de informações (porque o tempo não existia), e todos os instantes depois disso têm o problema do "longe demais para qualquer comunicação".

O problema das imperfeições é um pouco mais simples de descrever. Resume-se a esta pergunta: de onde vieram aquelas flutuações minúsculas de densidade na radiação cósmica de fundo em micro-ondas, e por que elas estão distribuídas assim?

A inflação cósmica resolve esses dois problemas e mais alguns outros. A ideia básica é que houve um tempo no universo primordial, depois da singularidade, mas antes do fim da fase de bola de fogo, em que ele se expandia a uma velocidade impressionante. Isso ajuda porque considera um período bem no começo em que uma região muito pequena poderia entrar em equilíbrio; depois disso, a expansão rápida pegaria essa regiãozinha bem resolvida e a esticaria até cobrir todo o nosso universo observável. Imagine pegar um quadro abstrato complicado e inflá-lo a ponto de só enxergar uma cor. Em essência, a expansão se concentrou em uma parte do universo que era pequena o bastante para já ter adquirido uma temperatura uniforme e criou o universo observável inteiro a partir somente dessa região.

A inflação também é uma explicação conveniente para as flutuações de densidade, se usarmos um pouco de física quântica. A diferença essencial entre a física do mundo subatômico e a física do dia a dia é que, na escala das partículas individuais, a mecânica quântica confere a toda interação uma incerteza intrínseca e inevitável. Você talvez já tenha ouvido falar do princípio da incerteza de Heisenberg: é a ideia de que existe um limite para a precisão de qualquer mensuração, porque a incerteza embutida na mecânica quântica sempre vai turvar o resultado de algum jeito. Se medirmos a posição de uma partícula com muita precisão, não poderemos determinar sua velocidade, e vice-versa. Mesmo se deixarmos uma partícula sozinha, todas as suas propriedades estarão sujeitas a alguma dose de agitação aleatória, e cada vez que a mensurarmos pode ser que o resultado varie ligeiramente.

O que isso tem a ver com a radiação cósmica de fundo em micro-ondas? A hipótese é que a inflação tenha sido impulsionada por uma espécie de campo energético sujeito a flutuações quânticas: saltos aleatórios para cima e para baixo. Essas flutuações, que normalmente seriam apenas trepidações efêmeras em uma escala microscópica, mudam a densidade nas escalas minúsculas em que acontecem e depois são esticadas até regiões grandes o bastante para se tornar picos e vales consideráveis na distribuição de densidade do gás primordial. As pequenas manchas que vemos na radiação cósmica de fundo em micro-ondas fazem todo o sentido se forem a evolução natural, no decorrer de centenas de milhares de anos, das flutuações estabelecidas nos primeiros 10^{-34} segundos do cosmo. E são aquilo que eventualmente cresceu para se transformar nas galáxias e aglomerados de galáxias que vemos hoje.

O fato de a distribuição das maiores estruturas do universo poder ser delineada com exatidão nas torções diminutas de um campo quântico não cessa de me deixar perplexa. As relações entre a cosmologia e a física de partículas nunca são mais nítidas, ou mais visualmente impressionantes, do que quando olhamos para a radiação cósmica de fundo em micro-ondas.

Mas estamos nos antecipando. A RCFM ainda está, literalmente, a milênios de distância. Só examinamos 10^{-34} segundos, e ainda há muita história para contar.

Quando a inflação acabou, o universo bebê superesticado ficou muito mais frio e vazio do que estava no começo. Um processo chamado "reaquecimento" aumentou a temperatura de novo por todas as partes, e a partir daí a marcha normal de expansão e esfriamento constante continuou.

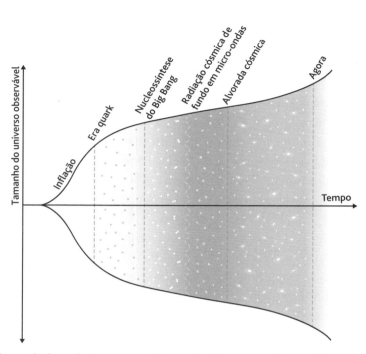

Figura 6: Cronologia cósmica. *O tamanho do universo observável aumentou rapidamente durante a inflação, logo depois do princípio de tudo. O universo vem se expandindo (mais lentamente) desde então. Aqui estão indicados alguns dos momentos importantes na história do cosmo.*

A ERA QUARK

Se o cosmo pré-inflação provavelmente era regido por uma teoria da grande unificação, o cosmo pós-inflação estava se aproximando das leis da física que conhecemos hoje. Mas ainda faltava um bocado. A essa altura, embora a força nuclear forte já tivesse se afastado da festa "tudo junto e misturado" da GUT da física de partículas, o eletromagnetismo e a força nuclear fraca ainda não se distinguiam entre si; por algum motivo, continuavam fundidos como uma única força "eletrofraca". Mas estavam começando a surgir partículas em meio à sopa primordial — especificamente, quarks e glúons.

Hoje em dia, é mais comum ver os quarks como componentes dos prótons e nêutrons (que, coletivamente, são chamados de hádrons). Os glúons são a "cola" que junta os quarks pela força nuclear forte, e a analogia é adequada. Eles são tão bons para juntar quarks que, embora já tenhamos visto quarks em pares, trios e mesmo, algumas vezes, quartetos e quintetos, até hoje foi impossível encontrar um único quark isolado. A questão é que, se você vê dois quarks colados (em uma partícula exótica chamada méson), precisa aplicar tanta energia para separá-los que, antes de conseguir arrancar um do outro, essa energia gasta produz espontaneamente outros dois quarks. Parabéns! Agora você tem dois mésons.

Contudo, no universo muito primitivo, as regras normais não se aplicavam a quarks isolados, da mesma forma que não se aplicavam a mais nada. As forças da natureza não só estavam operando sob leis diferentes, como o universo continha uma combinação distinta de partículas, e as temperaturas eram tão elevadas que a união dos quarks não tinha como existir de forma estável. Quarks e glúons ricocheteavam livremente para lá e para cá em um turbilhão quente conhecido como plasma de quarks e glúons — mais ou menos comparável ao interior de uma chama, só que nuclear.

Essa "era quark" durou até o universo chegar à respeitável idade de um microssegundo. Enquanto isso, em algum momento (provavelmente perto de 0,1 nanossegundo), a força eletrofraca se dividiu entre o eletromagnetismo e a força nuclear fraca. Mais ou menos na mesma época, algum acontecimento criou uma distinção entre a matéria e a antimatéria (a gêmea maligna da matéria que adora uma aniquilação), permitindo que a maior parte da antimatéria do universo aniquilasse à vontade.* Como e por que exatamente isso aconteceu ainda é um mistério, mas, como nós somos matéria, ainda bem que foi assim, pois desse modo não temos que topar o tempo todo com partículas de antimatéria e desaparecer em uma nuvem de raios gama.

Em contraste com a era TGU, até que sabemos bastante sobre a era quark e o plasma de quarks e glúons. A teoria está bem desenvolvida, é menos distante da física de partículas padrão do que a teoria da grande unificação, e experimentos confirmam as previsões que obtemos quando fazemos extrapolações a partir de teorias eletrofracas. Mas a glória mesmo é que somos capazes de *recriar* o plasma de quarks e glúons em laboratório. Colisores de partículas como o Colisor Relativístico de Íons Pesados (*Relativistic Heavy Ion Collider*, RHIC) e o Grande Colisor de Hádrons (GCH) — *Large Hadron Collider*, LHC —, ao arremessarem núcleos de ouro ou chumbo uns contra os outros a uma velocidade extremamente alta, podem produzir momentaneamente bolinhas de fogo minúsculas tão quentes e densas que engolem todas as partículas e preenchem o colisor com um estado de plasma de quarks e glúons. Ao observarem os destroços se "congelarem" em hádrons normais, os cientistas podem estudar as propriedades dessa matéria exótica e também a forma como as leis da física funcionam nessas condições extremas.

---

* Hoje em dia, observamos antimatéria em algumas reações de partículas, mas geralmente só a percebemos porque, quando uma partícula de antimatéria encontra sua partícula de matéria comum correspondente, elas se aniquilam, destruindo uma à outra e produzindo uma emissão de energia.

Se a radiação cósmica de fundo em micro-ondas nos oferece um vislumbre do Big Bang, os colisores de partículas de alta energia nos dão um gostinho da sopa primordial.*

NUCLEOSSÍNTESE DO BIG BANG

Depois da fase do plasma de quarks e glúons, o universo começou a se esfriar o bastante para algumas partículas que nos são familiares se formarem. Em cerca de um décimo de milissegundo, se formaram os primeiros prótons e nêutrons, e logo em seguida os elétrons, preparando os tijolos básicos da matéria comum. Em algum momento perto da marca dos dois minutos, a temperatura do universo caiu para um patamar confortável de 1 bilhão de graus Celsius, mais quente que o núcleo do Sol, mas frio o bastante para permitir que a força forte unisse esses prótons e nêutrons novinhos em folha. Eles formaram o primeiro núcleo atômico unido: uma forma de hidrogênio chamada deutério (um próton ligado a um nêutron; tecnicamente, um próton solitário também pode ser considerado um núcleo, pois é o centro de um átomo de hidrogênio). Pouco depois, havia núcleos se formando a torto e a direito. Uma porção de prótons e nêutrons começou a se juntar para formar núcleos de hélio, trítio e um pouco de lítio e berílio. Esse processo, chamado nucleossíntese do Big Bang, durou mais ou menos meia hora, até o universo se esfriar

---

* E também, por acaso, dão algumas pistas sobre a outra extremidade do tempo: descobertas recentes revelaram indícios de que o fim do universo pode acontecer de um jeito totalmente inesperado, e a qualquer momento. Mas isso tudo vai ser tratado mais à frente; melhor não nos adiantarmos. Provavelmente dá tempo de chegarmos ao capítulo 6.

e expandir o bastante para as partículas conseguirem se afastar umas das outras, em vez de se fundirem.

Uma das grandes confirmações da teoria do Big Bang é o fato de que encontramos uma correspondência muito próxima entre nossas observações do cosmo e a abundância estimada de elementos que esperamos do Big Bang com base em nossos cálculos para a temperatura e a densidade daquela bola de fogo primordial. Não é uma correspondência perfeita — ainda há certa confusão em torno da abundância de lítio, que pode ou não indicar mais alguma esquisitice do universo primordial —, mas, no caso do hidrogênio, do deutério e do hélio, se mensurarmos a quantidade que conseguimos ver e compararmos com nossos cálculos para o que *deveria* acontecer se enfiássemos o cosmo inteiro em uma fornalha nuclear, o resultado é uma concordância lindamente maravilhosa.

A propósito, o fato de que praticamente todo o hidrogênio do universo foi produzido nos primeiros minutos do cosmo significa que uma proporção bem grande do material de que você e eu somos feitos existe de alguma forma há quase tanto tempo quanto a idade do próprio universo. Talvez você já tenha ouvido falar que somos feitos de "poeira das estrelas" (ou "matéria das estrelas", se seu nome for Sagan), e isso é 100% verdade se pensarmos *em massa*. Todos os elementos mais pesados do seu corpo — oxigênio, carbono, nitrogênio, cálcio etc. — foram produzidos mais tarde, no centro das estrelas ou em explosões estelares. Mas o hidrogênio, apesar de ser o elemento mais leve, é também o mais abundante *em número*. Então, sim, você contém a poeira de gerações ancestrais de estrelas. Mas uma porção muito grande do seu corpo também foi construída com subprodutos do próprio Big Bang. A grande afirmação de Carl Sagan ainda vale, e até mais: "Somos uma forma de o cosmo se conhecer a si mesmo".

A SUPERFÍCIE DO ÚLTIMO ESPALHAMENTO

Depois da nucleossíntese do Big Bang, a situação do infernoverso começou a se acalmar, relativamente. A essa altura, a mistura de partículas estava mais ou menos estável, e continuaria assim até o surgimento das primeiras estrelas, milhões de anos mais tarde. Mas, por centenas de milhares de anos, o cosmo permaneceu um plasma quente e vibrante composto sobretudo por núcleos de hidrogênio e hélio e elétrons livres, com fótons (partículas de luz) ricocheteando entre eles.

Com o tempo, a expansão do universo abriu espaço para toda essa radiação e matéria se espalhar. Às vezes imagino que passar por essa fase do universo primordial seria como ir do centro do Sol para a superfície, mas deslocando-se não pelo espaço, e sim pelo tempo. A viagem começa no centro do Sol, onde o calor e a densidade são tão elevados que núcleos atômicos ficam se fundindo para gerar novos elementos. O interior solar é um espaço inundado de luz, onde os fótons se chocam com tanta violência em elétrons e prótons que pode levar centenas de milhares de anos de espalhamento constante até um fóton alcançar a superfície. Com o tempo, à medida que se aproxima do exterior, o plasma fica menos denso, e a luz consegue percorrer distâncias maiores a cada espalhamento. Na superfície, ela pode se lançar livremente ao espaço.

De maneira semelhante, uma viagem pelo tempo a partir dos primeiros minutos do universo até cerca de 380 mil anos depois acompanha a transformação do cosmo inteiro a partir de um plasma denso até um gás de prótons e elétrons em processo de esfriamento que finalmente consegue formar átomos neutros, permitindo que a luz transite livremente entre eles, em vez de rebater nas partículas com carga. O final dessa fase de bola de fogo do universo primordial é conhecido como "superfície do último espalhamento", porque é uma espécie de superfície *do tempo*, em que a luz, antes presa no plasma, passa a percorrer grandes distâncias pelo cosmo.

O que vemos quando olhamos para a radiação cósmica de fundo em micro-ondas é o seguinte: o instante que marca o fim do Big Bang Quente e a transição para um universo em que o espaço é escuro e silencioso e a luz o atravessa. É também o começo da Idade das Trevas cósmica — a época em que o gás está esfriando lentamente e se condensando em aglomerações, atraídas pelas minúsculas variações de densidade daquelas flutuações iniciais. Em algum momento por volta da marca de 1 milhão de anos, um desses grumos fica tão denso que consegue se acender em uma estrela, e assim começa oficialmente a alvorada cósmica.

ALVORADA CÓSMICA

A transição de um universo escuro e gasoso para um cheio de luz de galáxias e estrelas foi impulsionada, em grande parte, por um tipo tão exótico de matéria que não conseguimos recriá-lo nem nos colisores de partículas mais poderosos. Naquela mistura de radiação, gás de hidrogênio e uma pitada de outros elementos primordiais havia uma substância que hoje conhecemos como *matéria escura*. Ela não é exatamente escura, mas invisível: parece não ter a menor disposição para, de forma alguma, interagir com a luz. Nenhuma emissão de radiação, nenhuma absorção, nenhum reflexo. Até onde sabemos, um raio de luz que viaja em direção a uma aglomeração de matéria escura atravessa direto. Mas a matéria escura tem um aspecto brilhante,* que é sua capa-

---

* Mil perdões.

cidade de gravitar. Quando matéria comum tenta se condensar em uma aglomeração sob a atração da própria gravidade, essa matéria tem pressão, então revida. Mas a matéria escura pode se condensar sem sentir essa força. Um efeito colateral da ausência de interação com a luz é a ausência de interação com quase tudo, já que, na maior parte dos casos, as colisões entre partículas de matéria ocorrem por repulsão eletrostática, que precisa de interação com a luz para acontecer. (Fótons são partículas de luz, mas também são portadores de força eletromagnética, então algo que é invisível não sofre atração ou repulsão eletromagnética.) Sem eletromagnetismo, sem pressão.

As primeiras pequenas variações de matéria de maior densidade, introduzidas pelas flutuações do final da inflação, continham uma mistura de radiação, matéria escura e matéria comum. Como a matéria comum tinha pressão e se misturava com a radiação, a princípio só a matéria escura conseguia se aglomerar devido à gravidade, sem ricochetear imediatamente. Mais tarde, quando o universo se expandiu mais e a radiação se distanciou da matéria que estava se esfriando, o gás pôde mergulhar nesses poços gravitacionais e começar a se condensar em estrelas e galáxias. Hoje em dia, a estrutura da matéria nas maiores escalas — a rede cósmica de galáxias e aglomerados de galáxias — é organizada em cima de uma rede de aglomerações e filamentos de matéria escura. Na alvorada cósmica, essas aglomerações e filamentos invisíveis começaram a se iluminar, enquanto estrelas e galáxias se inflamavam e brilhavam, cintilando por toda essa rede como fogos-fátuos na escuridão.

A ERA DAS GALÁXIAS

A próxima grande transição do universo aconteceu quando havia tanta luz de estrelas cruzando o espaço que ela conseguiu ionizar o gás ambiente que tinha se tornado neutro no final da fase de bola de fogo cósmica. Essa luminosidade intensa voltou a quebrar átomos de hidrogênio em elétrons e prótons livres, criando bolhas gigantescas de gás hidrogênio ionizado em volta dos agrupamentos de galáxias mais luminosos. A expansão dessas bolhas pelo cosmo deu início à Era da Reionização ("re-" porque o gás tinha sido ionizado no início, durante o Big Bang, e agora estava sendo ionizado de novo pelas estrelas). Essa transição, que terminou por volta do ano 1 bilhão, tornou-se uma das fronteiras da astronomia observacional, e estamos só começando a entender como e quando ela ocorreu. Nos quase 13 bilhões de anos que se passaram desde então, o processo continuou mais ou menos do mesmo jeito, conforme galáxias se formavam e se combinavam, buracos negros supermassivos concentravam massa no centro de galáxias e novas estrelas nasciam e seguiam seu ciclo de vida.

E, assim, aqui estamos. O cosmo que vemos hoje é uma rede vasta e linda de galáxias brilhando na escuridão. Nosso mundinho azul e branco gira em torno de uma estrela amarela de tamanho médio em uma galáxia que é, em todos os aspectos relevantes, relativamente próxima da média. Embora ainda não tenhamos encontrado indícios claros, é possível que essa galáxia nada especial esteja cheia de vida, pois os destroços de supernovas que explodiram há muito tempo criaram os ingredientes biológicos básicos em cada um dos mundos espalhados por 100 bilhões de estrelas. Considerando as estimativas atuais, cerca de até um décimo dos sistemas estelares tem algum planeta do tamanho certo e a uma distância suficiente de sua estrela para permitir a presença de água em estado líquido na superfície — uma indicação, ainda que não definitiva, de que a vida poderia prosperar de alguma forma. Nas trilhões de outras galáxias visíveis pelo universo observável, pode haver outras inúmeras espécies, com suas próprias civilizações, artes, culturas, realizações científicas, todas com histórias sobre o universo a partir de suas próprias perspectivas, aprendendo pouco a pouco sobre seu passado primordial. Em cada um desses mundos, criaturas como nós, ou diferentes, podem ter detectado o murmúrio sutil da radiação cósmica de fundo em micro-ondas, deduzido a existência do Big Bang e a percepção chocante de que nosso cosmo comum não existiu desde sempre, mas de que houve um primeiro instante, uma primeira partícula, uma primeira estrela.

E esses outros seres, como nós, talvez estejam chegando à mesma conclusão: que um universo que não é estático, que teve um início distante, também precisa, fatalmente, ter um fim.

3. Big Crunch

Vamos começar com o fim do mundo, por que não?
Acabamos logo com isso e passamos a coisas mais interessantes.
N. K. Jemisin, *A quinta estação*[*]

Se você estiver no hemisfério norte em uma noite escura e sem lua de outono, olhe para o céu e procure a constelação de Cassiopeia: ela tem a forma de um grande W. Olhe o espaço abaixo dela por alguns segundos, e, se o céu estiver bem escuro, será possível ver um borrão fraco quase do tamanho de uma lua cheia. Esse borrão é a galáxia de Andrômeda, um disco espiralado imenso com cerca de 1 trilhão de estrelas e um buraco negro supermassivo que está voando na nossa direção a 110 quilômetros por segundo.

Daqui a cerca de 4 bilhões de anos, Andrômeda e a Via Láctea vão colidir, criando um grande espetáculo de luz. Estrelas serão arremessadas para longe de suas órbitas, formando correntes estelares que se estenderão pelo cosmo em arcos elegantes. O choque

---

[*] Trad. de Aline Storto Pereira. São Paulo: Morro Branco, 2017. (N. T.)

súbito do hidrogênio galáctico provocará uma pequena explosão de nascimento de estrelas. Haverá uma combustão de gás em torno dos buracos negros supermassivos centrais, antes inertes, que se encontrarão no meio de tudo e rodopiarão até mergulhar um no outro. Jatos de radiação intensa e partículas de alta energia atravessarão o emaranhado caótico de gás e estrelas, e a região central da nova galáxia de Lacteandrômeda será irradiada pelo brilho carregado de raios X do turbilhão de matéria que cairá em um novo e ainda mais supermassivo buraco negro.

Contudo, em meio a esse grande descarrilamento galáctico, será improvável qualquer impacto direto entre estrelas, graças às vastas distâncias entre elas: o Sistema Solar como um todo tem boas chances de sobreviver, mais ou menos. Mas não a Terra. Por essa altura, o Sol já terá começado a inchar, até virar uma gigante vermelha, esquentando a Terra a ponto de ferver os oceanos e deixar a superfície do planeta completamente estéril. Porém, se algum posto avançado do engenho humano conseguir preservar uma presença no Sistema Solar para ver tudo, a combinação de duas grandes galáxias espirais será um processo deslumbrante e lindo que transcorrerá por bilhões de anos. Quando os jatos de partículas e as chamas das supernovas se acalmarem, a massa resultante se tornará uma grande coleção elipsoidal de estrelas velhas e moribundas.

Por mais cataclísmica que possa ser para quem passa por isso, a fusão de galáxias é uma ocorrência cotidiana no sentido cósmico e uma cena curiosamente bonita se vista de um ponto extremamente afastado. Galáxias grandes destroçam e devoram outras menores; sistemas estelares adjacentes se misturam. Nossa própria Via Láctea exibe sinais de que já consumiu dezenas de vizinhas menores — ainda é possível ver rastros de estrelas traçando arcos gigantescos pelo disco da nossa galáxia, como destroços de um acidente rodoviário interestelar.

Entretanto, pelo universo, esse tipo de colisão está ficando cada vez mais raro. O universo está em expansão: o próprio espaço — isto é, o espaço entre as coisas, não as coisas que ele contém — está crescendo. Por isso, galáxias individuais e grupos de galáxias estão ficando, em média, cada vez mais distantes uns dos outros. Ainda é possível que haja fusões em cada grupo e aglomerado. Nossa vizinhança imediata de sistemas estelares, integrantes de uma região com o insosso nome Grupo Local, é um bando desconjuntado de galáxias pequenas e irregulares dominado por duas espirais gigantes, e estamos todos destinados a ficar bem juntinhos mais cedo ou mais tarde. Mas, se formos mais longe, para além de algumas dezenas de milhões de anos-luz, parece que está tudo se espalhando.

A grande dúvida, no longo prazo, é: essa expansão vai continuar por tempo indeterminado ou vai parar em algum momento, dar meia-volta e fazer tudo bater em uma coisa só? Como é que sabemos que está acontecendo uma expansão?

Quando estamos dentro de um universo que se expande do mesmo jeito por todos os lados, não parece bem uma expansão propriamente dita, e sim um fenômeno estranho em que tudo está se afastando de nós... onde quer que estejamos. Pela nossa perspectiva, vemos todas as galáxias distantes fugindo de nós, como se estivéssemos emitindo alguma força repulsiva. Mas se de repente fôssemos parar em uma galáxia a 1 bilhão de anos-luz daqui, veríamos o mesmo fenômeno: a Via Láctea e tudo o mais a partir de certa distância estaria se afastando *desse* ponto. Esse comportamento é uma consequência um tanto quanto inusitada de o espaço crescer do mesmo jeito, ao mesmo ritmo, em todas as partes.

  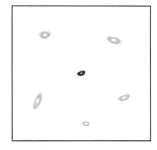

Figura 7: Ilustração da expansão cósmica. *Aqui, o tamanho crescente do universo em três momentos distintos aparece representado pelo aumento do quadrado da esquerda para a direita. Com o passar do tempo, as galáxias se afastam umas das outras, mas não crescem junto com a expansão do espaço.*

O resultado é que todo ponto do universo é o centro do que parece ser uma poderosa repulsão uniforme. Tecnicamente, o universo não tem centro. Mas cada lugar é o centro de seu próprio universo *observável*.* E, da nossa perspectiva, todas as galáxias mais distantes que nossas vizinhas imediatas estão fugindo de nós a toda velocidade. Não somos nós; é a cosmologia.

Foi mais difícil descobrir a expansão cósmica do que se pode imaginar. Embora sejamos capazes de ver outras galáxias além da nossa com um telescópio desde o século XVIII, as distâncias são tão vastas e os deslocamentos tão vagarosos (pela métrica do tempo humano), que levamos mais de duzentos anos para concluir como era o movimento delas em relação a nós, ou até que o que estávamos vendo eram galáxias. Mesmo hoje, os telescópios mais potentes não são capazes de observar diretamente esse deslocamento — as galáxias não parecem se afastar a cada vez que

---

* Considerar-se o centro do nosso próprio universo parece ser uma ideia razoável a princípio, até que você percebe que a evidência observacional para isso é que tudo está tentando se afastar de você tão rápido quanto possível.

olhamos. Mas podemos detectar esse movimento pela observação cuidadosa de uma propriedade das galáxias que parece não ter nada a ver com isso: a cor da luz que elas emitem.

Se você já escutou o *vruuum* que aumenta e de repente some quando um carro de corrida passa, ou a variação de tom de quando uma sirene se aproxima e vai embora, então conhece o efeito Doppler. Os desvios de Doppler que você costuma perceber são um fenômeno em que o som vai ficando mais agudo conforme o objeto que o emite se aproxima e mais grave conforme ele se afasta. Tem a ver com a forma como as ondas de pressão no ar se acumulam durante a aproximação e se dispersam no afastamento, mudando a frequência do som que você ouve. Afinal, a frequência é apenas uma medida de quão rápido as sucessivas ondas nos atingem. No som, são ondas de pressão, e uma frequência mais alta resulta em um som mais agudo.

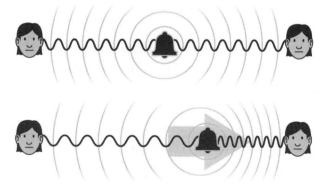

Figura 8: Ilustração de um desvio de Doppler. *Quando a fonte de um som é estacionária, a frequência ouvida por dois observadores estacionários é igual. Quando a fonte do som está em movimento, o observador de quem a fonte está se afastando percebe o som se estender para frequências mais baixas, e o observador de quem ela se aproxima o percebe se comprimir em frequências mais altas. O primeiro escuta um som grave e o outro, um agudo.*

Acontece que a luz faz algo parecido. Um raio de luz que se desloca rapidamente em nossa direção vai se desviar para uma frequência mais alta, e um que estiver se afastando vai se desviar para uma frequência mais baixa. Para a luz, uma frequência corresponde a uma cor, então esse desvio parece uma mudança de cor. O espectro eletromagnético vai muito além do visível, mas, para simplificar, quando acontece um desvio Doppler de luz para cima, ele é chamado de *desvio para o azul* (porque a luz visível de alta frequência está na extremidade azul do espectro), e, quando é para baixo, é um *desvio para o vermelho*. Um desvio extremo da luz visível para o azul pode ir até os raios gama, e um desvio extremo para o vermelho seria visto como uma onda de rádio. Esse fenômeno é uma das ferramentas mais importantes e versáteis da astronomia, pois nos permite ver, só pela cor de uma estrela ou galáxia, se ela está se aproximando ou se afastando de nós.

É claro que, na prática, não é tão simples assim. (A astrofísica pode ser frustrante mesmo.) Algumas estrelas e galáxias já têm um tom inerente mais vermelho que outras. Então como vamos saber se algo é vermelho só porque é vermelho mesmo ou se é vermelho porque está se distanciando?* O segredo é que a luz nunca é de uma cor só, e sim uma combinação de frequências — um espectro. Variações características do espectro de uma estrela são resultado de porções da luz que são absorvidas ou emitidas por elementos químicos distintos na atmosfera do astro. Quando passamos a luz por um prisma, vemos cores diferentes em intensidades diferentes, e aparecem linhas escuras ou buracos nas frequências específicas onde os átomos presentes na atmosfera da estrela absorveram a luz — a luz nessas frequências foi removida pelo gás antes de chegar até nós. Essas variações

---

* Às vezes temos um problema parecido com "pequeno" e "distante".

produzem uma espécie de código de barras exclusivo de cada elemento, com uma combinação de linhas que os astrônomos conseguem reconhecer logo de cara. Então, por exemplo, se a luz passar por uma nuvem de hidrogênio, ela vai aparecer com um gradeado específico de linhas escuras quando for dispersada em todas as frequências. A partir de testes de laboratório, sabemos onde essas linhas devem estar e que padrão devem formar, e assim podemos repetir o processo com o padrão produzido por outros elementos. Se uma estrela tem um determinado padrão reconhecível no espectro, mas as linhas parecem estar nas frequências "erradas", isso é um indicativo de que a luz foi desviada pelo movimento da estrela. Se todas as linhas estiverem desviadas do mesmo jeito para frequências mais baixas, trata-se de um desvio para o vermelho, e a estrela está se afastando. Se todas as linhas estiverem desviadas para frequências mais altas, trata-se de um desvio para o azul, e a estrela está se aproximando. Já o tamanho do desvio das linhas revela a velocidade com que a estrela está se movendo.

Os astrônomos aprenderam a fazer esse tipo de medição muito bem. Hoje em dia, o desvio para o vermelho ou para o azul é uma das características mais simples de observar em qualquer fonte luminosa do universo, desde que obtenhamos um espectro e ele tenha algum padrão reconhecível de linhas. Podemos usá-lo para ver como as estrelas da nossa galáxia se movem em relação a nós ou para detectar a minúscula variação na posição de uma estrela que está sendo puxada para a frente e para trás pela órbita de um planeta à sua volta.

E, quando falamos de galáxias distantes, agora é possível usar o desvio para o vermelho como forma de mensurar não apenas o movimento delas em relação a nós — se estão se aproximando ou se afastando e se esse movimento é rápido ou lento —, mas também a distância que nos separa. Como funciona isso? Uma vez que o universo está em expansão, qualquer que seja o deslocamento de uma galáxia pelo espaço que ela ocupa, o fato de que o espaço entre ela e nós está se expandindo significa que, de modo geral, ela também está se afastando de nós. E a velocidade desse distanciamento depende da distância a que ela está de nós agora.

Em 1929, o astrônomo Edwin Hubble estava estudando o desvio para o vermelho de galáxias quando percebeu um padrão extraordinário e convenientemente simples. As galáxias mais distantes têm, em média, desvios para o vermelho mais altos. Essa relação nos permitiu ao mesmo tempo confirmar a expansão do cosmo e delinear sua evolução. Se traduzirmos o desvio para o vermelho em termos de velocidade, o padrão que Hubble detectou indica que, quanto mais distante uma galáxia estiver, mais rapidamente ela se afasta de nós.

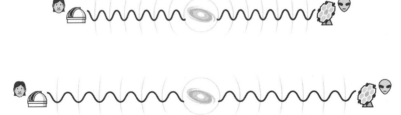

Figura 9: Expansão cósmica e desvio para o vermelho. *Com a expansão do universo, a luz de galáxias distantes é esticada pela expansão cósmica. Por isso, observamos a luz de uma galáxia distante em um comprimento de onda maior (com desvio para o vermelho) à medida que o universo se expande. Como essa expansão está acontecendo em todos os lugares, um observador em outra parte do cosmo que olhar para uma galáxia distante também verá a luz dessa galáxia desviada para o vermelho.*

Imagine que você esteja esticando uma mola com as mãos. (Só esticando, não quicando. É em nome da ciência.) À medida que você separa as mãos, estendendo a mola, cada volta (anel da mola) se afasta um pouco da volta seguinte, mas as voltas nas duas extremidades da mola ficarão a uma distância bem maior no mesmo intervalo de tempo. Se o espaço está se expandindo de maneira uniforme em todas as direções, a mesma lógica deve valer, e foi exatamente isso que as observações de Hubble constataram. Em termos matemáticos, isso nos dá uma regra geral simples e conveniente: a velocidade aparente de uma galáxia é *diretamente proporcional* à sua distância. Ou seja, em primeiro lugar: objetos mais distantes estão se afastando mais rápido. E em segundo: existe um número específico que podemos multiplicar pela distância de qualquer galáxia de modo a obter sua velocidade. Embora tenha sido graças aos dados de Hubble que pudemos comprovar essa relação e calcular esse valor, na verdade a proporcionalidade havia sido proposta em teoria alguns anos antes, por um astrônomo e padre belga chamado Georges Lemaître. Essa relação, portanto, ficou conhecida como Lei de Hubble-Lemaître.* E a constante de proporcionalidade (o valor pelo qual podemos multiplicar a distância) é a constante de Hubble.

O detalhe crucial para nós aqui é a ligação entre o desvio para o vermelho e a distância. Isso significa que podemos olhar para uma galáxia distante, medir o desvio para o vermelho e determinar a distância *exata* dela até nós. (Com algumas ressalvas técnicas.)**

---

* Muitos na comunidade astronômica a chamam apenas de Lei de Hubble, mas, em 2018, a União Astronômica Internacional decidiu reconhecer oficialmente a contribuição de Lemaître, incluindo-o no nome. Eu, que também sou teórica, aprovo.

** No universo "próximo", onde as velocidades de recessão são pequenas, essa é uma conta simples de divisão: velocidade dividida pela Constante de

Mas o desvio para o vermelho *também* está conectado ao tempo cósmico. A expansão do universo causa muitas esquisitices na astronomia, e uma delas é o fato de que usamos algo que, em essência, é uma cor, descrita como um número, para designar velocidade, distância e "a idade do universo na época em que o negócio estava brilhando". Física é uma doideira.

É assim que funciona. Se medirmos o desvio para o vermelho de uma galáxia, vamos saber a velocidade com que ela está se afastando de nós, e poderemos usar a Lei de Hubble-Lemaître para calcular sua distância. Mas, como a luz demora para viajar até nós, e como sabemos a velocidade em que ela se move, o cálculo da distância também nos diz quanto tempo a luz passou em trânsito. Ou seja, quando mensuramos o desvio para o vermelho de uma galáxia, podemos saber há quanto tempo a luz saiu dessa galáxia. E, como sabemos a idade do universo, isso nos diz a idade que o universo tinha quando a galáxia emitiu a luz que estamos vendo.

Levando tudo isso em conta, os astrônomos podem usar o desvio para o vermelho como uma forma de se referir a épocas anteriores do universo. "Grande desvio para o vermelho" é muito tempo atrás, quando o universo era jovem; "pequeno desvio para o vermelho" é mais recente. Desvio para o vermelho igual a 0 é o universo local, do momento presente; um desvio para o vermelho igual a 1 significa 7 bilhões de anos atrás. Um desvio

---

Hubble igual a distância. Para fontes mais remotas, o cálculo é complicado, porque, na verdade, a Constante de Hubble não é constante para todo o tempo cósmico, nem a proporcionalidade é rigorosa em casos de velocidade muito alta. Podemos presumir com confiança que, em geral, se algo na cosmologia parece extremamente simples, vai ser uma aproximação, um caso especial ou a definitiva teoria de tudo que passamos a vida inteira procurando. (Eu não apostaria na opção 3.)

para o vermelho igual a 6 corresponde a um universo de apenas cerca de 1 bilhão de anos; e o momento inicial do universo, se pudéssemos observar, teria um desvio igual a infinito.

Assim: uma galáxia com um grande desvio para o vermelho é uma galáxia distante que existia quando o universo era jovem, e uma galáxia com pequeno desvio é um objeto relativamente próximo que existe no que podemos chamar de universo "moderno".

A relação entre distância, idade e desvio para o vermelho é incrivelmente útil para a cosmologia. Mas ela depende de a velocidade de recessão sempre aumentar com a distância a uma proporção que conhecemos. E se a expansão desacelerasse de repente? E se ela *parasse* e invertesse seu curso? Isso, em primeiro lugar, estragaria completamente nossas regras gerais de medição de distância e aborreceria vários astrônomos. E traria outra consequência, quase tão importante quanto a primeira, a depender do seu interlocutor: seria o prenúncio do apocalipse para o universo e tudo que ele contém.

TUDO QUE SOBE

Desde que descobrimos que o universo 1) começou com o Big Bang e 2) está se expandindo, a pergunta lógica que vem em seguida é se ele vai dar meia-volta e encolher, terminando com um Big Crunch catastrófico. Partindo de algumas premissas físicas bem básicas e razoáveis, parece que só existem três possibilidades de futuro para um universo em expansão, e todas são analogias mais ou menos diretas do que acontece quando jogamos uma bola para o alto.

Você está no quintal de casa, no planeta Terra, e lança uma bola de tênis para o alto. Digamos, hipoteticamente, que seu braço tenha uma força descomunal. (E que não exista resistência do ar.) O que acontece?

Normalmente, a bola sobe por um tempo, em reação ao impulso inicial que você deu, mas, assim que sai da sua mão, começa a perder velocidade devido à atração gravitacional da Terra.* Por fim, ela se torna tão lenta que para de subir e muda de direção, caindo de volta para você e o planeta onde você está. Mas, se você jogasse a bola a uma velocidade incrivelmente alta — exatos 11,2 quilômetros por segundo, a velocidade de fuga da Terra —, em princípio poderia dar tanto impulso à bola que ela sairia de vez da Terra, perdendo um pouquinho de velocidade durante a subida, e só pararia em uma distância infinitamente remota no futuro (ou, talvez, quando acertasse alguma coisa). Se você a jogasse a uma velocidade maior ainda, ela se livraria completamente da Terra e ficaria à deriva para sempre.

A física de um universo em expansão segue princípios muito semelhantes. Houve um impulso inicial (o Big Bang), que provocou a expansão, e a partir desse ponto a gravidade de todas as coisas no universo (galáxias, estrelas, buracos negros etc.) passou a trabalhar contra a expansão, tentando desacelerá-la e juntar tudo de novo. A gravidade é uma força muito fraca — a mais fraca de todas as forças da natureza —, mas também tem alcance infinito e é sempre atrativa, então até mesmo galáxias distantes afetam umas às outras. Como no exemplo da bola, a questão se resume a saber se o impulso inicial foi suficiente para compensar essa gravidade toda. Nós nem precisamos saber qual foi o impulso inicial; se mensurarmos a velocidade de expansão agora e a quantidade

---

* Tecnicamente, a bola e a Terra estão atraindo uma à outra ao mesmo tempo, porque a gravidade é uma via de mão dupla, mas o deslocamento que a Terra sofre pela atração gravitacional da bola é… pequeno.

de matéria no universo, poderemos determinar se a gravidade será suficiente para interromper a expansão em algum momento. Ou ainda, se conseguirmos estimar a velocidade de expansão no passado distante, poderemos determinar como a expansão vem evoluindo ao longo do tempo se compararmos aquele valor com a velocidade de expansão atual.*

Se o nosso universo *estivesse* fadado a sofrer um Big Crunch algum dia, o primeiro indício seria visto justamente por uma extrapolação desse tipo. Antes que o colapso começasse, conseguiríamos ver que a expansão foi mais rápida no passado e perdeu velocidade de um jeito bem específico e apocalíptico. Com o tempo, e a um grau de certeza cada vez maior, observaríamos indicativos do colapso iminente bilhões de anos antes de seu início oficial.

Mas, antes de entrarmos na análise dos dados, vamos parar e nos perguntar que aspecto a transição para um universo em contração e para um posterior apocalipse teria quando começasse. Afinal, foi para isso que você pegou este livro.

Agora, quanto mais distante um objeto, maior é a velocidade com que ele se afasta, e portanto maior o seu desvio para o vermelho (a Lei de Hubble-Lemaître). Em um universo fadado ao colapso, esse processo continua até a expansão cessar de vez — aquele momento no topo da montanha-russa. Mas, como a velocidade da luz nos impede de ver o universo todo ao mesmo tempo, na verdade nossa *percepção* de que objetos distantes estão se afastando vai seguir por muito tempo depois de eles

---

* Você talvez esteja se perguntando se poderíamos mensurar a expansão agora e de novo daqui a dez anos, e ver se mudou. Infelizmente, nossa tecnologia atual não permite medições tão precisas assim, mas, nas próximas décadas, talvez sejamos capazes de fazer essa comparação.

começarem a voltar. Embora, de maneira geral, os objetos mais distantes estejam voando em nossa direção mais rapidamente do que os objetos próximos, no começo observaremos o contrário. Todas as galáxias próximas, até pouco além da nossa vizinhança cósmica, parecerão se aproximar lentamente de nós. Assim como a galáxia de Andrômeda, sua luz terá um desvio para o azul. Para além delas, haverá uma distância em que tudo parecerá imóvel, enquanto objetos mais distantes estarão com desvio para o vermelho, em aparente afastamento. Com o tempo, as galáxias próximas com desvio para o azul se aproximarão cada vez mais rápido, e o raio de imobilidade se ampliará. Em pouco tempo, vamos parar de nos preocupar com o que estiver acontecendo com objetos distantes, pois será impossível, ou nada recomendável, ignorar a invasão acelerada de galáxias próximas em nossa região do espaço.

Talvez sirva de pequeno (ainda que ingênuo) consolo o fato de que, quando isso acontecer, já teremos alguma experiência com esse tipo de situação: nessa hipótese, os primeiros sinais de colapso surgirão bem depois de nossa colisão com Andrômeda. Até mesmo nas estimativas mais pessimistas, qualquer evento de Big Crunch só deve ocorrer daqui a muitos bilhões de anos — nosso universo existe há 13,8 bilhões de anos, e, no que diz respeito à possibilidade de um futuro colapso, definitivamente não passou da meia-idade.

Como já vimos, a colisão da Via Láctea com Andrômeda não deve afetar diretamente o Sistema Solar. Mas o início do colapso universal são outros quinhentos. A princípio, pode parecer uma cena bem familiar: colisões e reorganizações de galáxias, surgimento de novas estrelas e novos buracos negros, alguns sistemas estelares arremessados pelo espaço. Porém, com o tempo, ficará cada vez mais clara e assustadora a noção de que está acontecendo algo muito diferente.

Conforme chegarem mais perto e se fundirem com mais frequência, as galáxias vão encher o céu com a luz azul do nascimento de novas estrelas, e jatos gigantescos de partículas e radiação atravessarão o gás intergaláctico. Pode ser que surjam planetas novos junto com essas estrelas novas, e talvez alguns até tenham tempo de desenvolver vida, ainda que a frequência pavorosa de supernovas nesse universo caótico em colapso possa irradiá-los e esterilizá-los completamente. A violência das interações gravitacionais entre galáxias e entre buracos negros supermassivos aumentará, jogando estrelas para fora de suas galáxias em direção à gravidade de outras. Mas, mesmo assim, as colisões de estrelas individuais serão raras, pelo menos até o jogo avançar bem. A destruição das estrelas começa a partir de outro processo, que por sua vez também garante, de forma bastante definitiva, a destruição de qualquer vida planetária que porventura ainda esteja resistindo.

É o seguinte.

A expansão do universo em curso hoje não está só esticando a luz de galáxias distantes. Ela também está esticando e diluindo o brilho residual do próprio Big Bang. Como foi dito no capítulo anterior, um dos indicativos mais fortes da ocorrência do Big Bang é o fato de *conseguirmos vê-lo*, desde que olhemos para longe o bastante. O que vemos, especificamente, é um brilho fraco, por todos os lados, da luz produzida na infância do universo. Na verdade, esse brilho fraco é uma visão direta de partes tão distantes do universo que, pela nossa perspectiva, ainda estão *em chamas* — ainda estão passando pela fase quente inicial da existência do universo, quando todo o cosmo era quente e denso e carregado de plasma incandescente, como o interior de uma estrela. A luz dessa fogueira há muito exaurida passou esse tempo todo viajando até nós, e a parte dela que percorreu certas distâncias só está chegando agora.

E podemos observar isso como um pano de fundo difuso de pouca energia (a radiação cósmica de fundo em micro-ondas), porque a expansão do universo esticou e espalhou cada um dos fótons a ponto de eles agora mal passarem de estática fraca. E o fato de eles aparecerem como micro-ondas se deve a um desvio para o vermelho extremo. A expansão do universo pode fazer muita coisa, inclusive juntar o calor de um inferno inimaginável e diluí-lo e esticá-lo até ele virar um zumbido fraco de micro-ondas que para nós parece apenas um ligeiro sinal de estática em uma televisão analógica antiga.

Se a expansão do universo se inverter, essa difusão de radiação também se inverte. De repente, a radiação cósmica de fundo em micro-ondas, esse zumbido inócuo de baixa energia, se desvia para o azul, aumentando rapidamente de energia e intensidade por todas as partes e se encaminhando a patamares muito desconfortáveis.

Mas ainda não é isso que mata as estrelas.

Acontece que existe algo capaz de criar mais radiação de alta energia do que a concentração do brilho residual de quando o espaço estava em chamas. Conforme o universo foi evoluindo ao longo do tempo, ele pegou o que, nos primórdios do cosmo, era um conjunto relativamente uniforme de gás e plasma e usou a gravidade para transformar isso em estrelas e buracos negros.[*] Essas estrelas brilharam por bilhões de anos, e toda essa radiação foi emitida para o vazio do cosmo e se dispersou, mas não sumiu. Até os buracos negros tiveram chance de brilhar, produzindo raios X à medida que a matéria que eles absorvem se aquece e cria jatos de partículas de alta energia. A radiação das estrelas e

---

[*] E em outras miudezas, como planetas e pessoas, mas por enquanto podemos ignorá-los.

dos buracos negros é mais quente ainda que as últimas etapas do Big Bang, e, quando o universo se reimplodir, *essa* energia toda também vai se condensar. Então, em vez de um processo elegante e simétrico de expansão e esfriamento, seguido de coalescência e aquecimento, o colapso na verdade é *muito pior*. Se algum dia pedirem para você escolher entre ir para um ponto qualquer do espaço logo depois do Big Bang ou logo antes do Big Crunch, prefira o primeiro.* A radiação total das estrelas e dos jatos de partículas de alta energia, ao se condensar de repente e se desviar para o azul em um nível de energia mais alto ainda, será tão intensa que vai começar a *incendiar a superfície das estrelas* muito antes de elas colidirem. Explosões nucleares vão devastar as atmosferas estelares, destruindo os astros e enchendo o espaço com plasma quente.

A essa altura, a situação estará mesmo muito ruim. Nenhum planeta que tenha sobrevivido até aí será capaz de passar incólume quando as próprias estrelas explodirem pela luz de fundo. A partir desse ponto, a intensidade da radiação no universo torna-se tão alta que seria comparável às regiões centrais de núcleos galácticos ativos, o lugar onde buracos negros supermassivos expelem partículas de alta energia e raios gama com tanta força que os jatos de radiação se estendem por mil anos-luz. Não sabemos o que acontece com a matéria em um ambiente assim, depois que ela é reduzida às partículas que a compõem. Na fase final, um universo em colapso chegará a densidades e temperaturas muito além do que somos capazes de produzir em laboratório ou descrever com nossas teorias de partículas. A pergunta interessante deixa de ser "Será que alguma coisa sobrevive?" (porque,

---

* Como diria o lendário grupo musical D:Ream, "Things can only get better" [As coisas só podem melhorar].

a essa altura, é bem nítido que a resposta é um sonoro "Não") e dá lugar a: "Será que um universo em colapso ricocheteia e começa de novo?".

Universos cíclicos que vão do Big Bang ao Big Crunch e continuam assim para sempre exercem uma certa atração, por sua elegância. (E vamos explorá-los em mais detalhes no capítulo 7.) Em vez de começar do nada e chegar a um final catastrófico, um universo cíclico pode, em tese, ricochetear ao longo do tempo por distâncias arbitrárias em todas as direções, reciclando-se eternamente e sem perder nada.

Mas é claro que, como tudo no universo, na verdade as coisas são muito mais complicadas. Tomando por base apenas a relatividade geral, a teoria da gravidade de Einstein, qualquer universo com matéria em quantidade suficiente tem uma trajetória estabelecida. Ele começa com uma singularidade (um estado infinitamente denso de espaço-tempo) e acaba com uma singularidade. Mas a relatividade geral não tem um mecanismo que permita a transição entre uma singularidade-fim e uma singularidade-começo. E temos motivos para crer que nenhuma das nossas teorias da física, incluindo a relatividade geral, é capaz de descrever as condições de algo remotamente parecido com esse tipo de densidade. Temos uma boa noção de como a gravidade funciona em escalas grandes e em campos gravitacionais relativamente (rá!) fracos, mas não fazemos a menor ideia de como ela funciona em escalas extremamente pequenas. E o tipo de força de campo que encontraríamos se todo o universo observável estivesse convergindo para um ponto subatômico seria *para lá* de incalculável. Podemos supor com razoável confiança que, nessa situação específica, a mecânica quântica deve ganhar importância e fazer *algo* para bagunçar tudo, mas sinceramente não sabemos o quê.

Outra questão em um universo Crunch-Bang com ricochete é o que o sobrevive ao ricochete. Será que alguma coisa permanece de um ciclo a outro? A assimetria que mencionei entre um universo jovem em expansão e um velho em processo de colapso, em termos de campo de radiação, na verdade tem potencial para ser muito problemática, pois sugere que o universo fica (em um sentido preciso e fisicamente compreensível) mais bagunçado a cada ciclo. Por isso, um universo cíclico perde um pouco o apelo pela perspectiva de alguns princípios físicos muito importantes que vamos abordar em outros capítulos, e certamente é mais difícil encaixá-lo em uma ecologia bem redonda de redução, reúso e reciclagem.

A ATRAÇÃO DO INVISÍVEL

Com ou sem ricochete, um universo com matéria demais e expansão de menos está fadado ao colapso, então parece boa ideia conferirmos em que pé estamos nesse equilíbrio. Infelizmente, medir toda a matéria contida no universo é complicado, porque nem toda matéria pode ser vista com facilidade, e o esforço de calcular o peso de uma galáxia quando só temos um retrato dela pode ser, na melhor das hipóteses, difícil. Desde os anos 1930, já era nítido que algo importante estava passando batido no mero ato de contar a quantidade de galáxias e estrelas. O astrônomo Fritz Zwicky estudou os deslocamentos das galáxias que se moviam em aglomerados e percebeu que elas pareciam se movimentar com uma velocidade tão grande que deviam sair rodopiando pelo espaço vazio, como crianças em um carrossel que gira rápido demais. Ele sugeriu que, talvez, alguma "matéria escura" invisível estivesse mantendo tudo no lugar. Essa ideia circulou pela comunidade de astrônomos como uma possibilidade perturbadora até os anos 1970, quando Vera Rubin demonstrou de uma vez por todas que enormes concentrações de galáxias espirais não faziam nenhum sentido se não houvesse alguma coisa invisível junto.

Desde a época de Rubin, os indícios da existência da matéria escura só se fortaleceram, em parte porque agora sabemos de sua importância no universo primordial. Mas ela continua teimando em não se deixar observar diretamente, pois parece não ter o menor interesse em interagir com nossos detectores de partículas. A principal hipótese é que a matéria escura seja uma espécie de partícula fundamental ainda não descoberta que possui massa (e, portanto, gravidade), mas não tem nada a ver com o eletromagnetismo ou a força nuclear forte. As teorias sugerem que talvez ela seja capaz de interagir com outras partículas pela força nuclear fraca, o que oferece algumas possibilidades de detecção, mas seria difícil observar o sinal, e ainda não o vimos. O que *já* vimos é uma quantidade enorme de indícios do impacto gravitacional que ela exerce sobre estrelas e galáxias e sobre a capacidade das estrelas e galáxias de se formarem a partir da sopa primordial. E, o que é melhor ainda, podemos ver sinais da existência da matéria escura na própria forma do espaço.

Uma das grandes intuições de Einstein (entre muitas) foi que a gravidade não deve ser descrita como uma força entre objetos, e sim como um encurvamento do espaço em torno de qualquer coisa com massa. Imagine rolar uma bola de tênis pela superfície de uma cama elástica. Agora, coloque uma bola de boliche no meio. O movimento da bola de tênis caindo na direção da de boliche, ou contornando-a ao passar perto dela, é uma boa analogia para a forma como os objetos se deslocam pelo espaço perto de massas grandes. É o próprio formato do espaço que faz a trajetória do objeto se curvar. Mas a curvatura do espaço não afeta apenas a trajetória de objetos massivos — até a luz reage ao formato do universo que ela atravessa. Assim como um cabo de fibra ótica curvo consegue fazer a luz em seu interior mudar de direção, um objeto massivo que distorce o espaço pode fazer a luz contorná-lo. Galáxias e aglomerados de galáxias se transformam em lupas, distorcendo os objetos que estão atrás. Parte dos indícios mais fortes a favor da matéria escura vem da descoberta de que a massa observável propriamente dita do objeto não dá conta de explicar toda a intensidade desse efeito de "lente gravitacional" — parte da massa vem de algo invisível. Acontece que há *muita* matéria escura no espaço. As primeiras tentativas de medir a matéria do universo por meio da observação de tudo que é visível nos deram resultados extremamente incorretos. Pouco depois dos estudos de Vera Rubin, ficou nítido que a imensa maioria da matéria no universo é escura.

Contudo, mesmo levando em conta a matéria escura, foi difícil determinar de que lado a densidade da matéria no espaço estava na escala de "densidade crítica" que definia a fronteira entre um universo que voltaria a implodir e um que se expandiria para sempre. Delinear o conteúdo do universo era só uma parte do problema; a outra era descobrir qual a velocidade exata da expansão do universo ou como a expansão mudou ao longo do tempo cósmico. Isso, por acaso, não é nada fácil.

Para obter uma boa medida da taxa de expansão cósmica para uma porção razoável da história do universo, é preciso examinar uma quantidade enorme de galáxias, a diversas distâncias. Depois, devem-se calcular duas coisas: a velocidade de cada galáxia e sua distância física até nós. Os astrônomos calcularam a taxa de expansão *local* com a Lei de Hubble-Lemaître já em 1929 (embora o valor dessa proporcionalidade tenha sido objeto de discussão por décadas depois disso e continue sendo alvo de certa polêmica). Mas, para responder à pergunta do Big Crunch, precisamos conhecer a taxa da expansão por um intervalo gigantesco do tempo cósmico, o que corresponde a uma distância gigantesca no espaço. Isso não é nenhum grande problema no que diz respeito à parte da equação envolvendo a velocidade galáctica, já que ela pode ser aferida através da mensuração de desvios para o vermelho, o que, em geral, é razoavelmente simples. Contudo, medir *distâncias* com precisão na escala de bilhões de anos-luz é muito mais difícil.

No final dos anos 1960, quando se usavam chapas fotográficas para estudar a distância e a velocidade de galáxias, os astrônomos puderam constatar com um grau crescente de confiança que, apesar do grande volume de incerteza, estávamos mesmo fadados a implodir. Isso levou alguns a escreverem artigos muito instigantes sobre como exatamente isso aconteceria. Foi uma época intensa.

Entretanto, no final dos anos 1990, os astrônomos aperfeiçoaram um método mais preciso para mensurar a expansão do universo, combinando alguns métodos de medição de distâncias cósmicas e aplicando-os a estrelas explosivas extremamente distantes. Enfim era possível tomar a medida verdadeira do universo e determinar, de uma vez por todas, qual seria seu fim. As conclusões a que eles chegaram deixaram praticamente todo mundo em choque, renderam um Prêmio Nobel a três integrantes da equipe e bagunçaram toda a nossa compreensão sobre os mecanismos fundamentais da física.

Mas o fato de a descoberta ter nos dado a certeza de que não corremos risco de morrer incinerados em um Big Crunch não serviu de grande consolo.* A alternativa para a reimplosão é a expansão eterna, o que, como a imortalidade, só parece bom se não pensarmos muito no que ela significa. A boa notícia é que não estamos condenados a sucumbir em um inferno cósmico apocalíptico. Mas a notícia trevosa, digamos assim, é que o destino mais provável do nosso universo é, a seu modo, muito mais perturbador.

---

* Até onde sabemos, a reimplosão não é impossível. Se a energia escura, que abordaremos no próximo capítulo, tiver propriedades especialmente estranhas e inesperadas, talvez seja capaz de reverter nossa expansão. Mas, até o momento, parece que não é isso que os dados indicam.

4. Morte térmica

> VALENTINE *O calor entra na mistura.*
> Ele faz um gesto para indicar o ar na sala, no universo.
> THOMASINA *Sim, é melhor nós corrermos se ainda vamos dançar.*
> Tom Stoppard, *Arcadia*[*]

Uma das minhas lembranças mais antigas na astronomia é de uma matéria de capa de 1995 da *Discover Magazine* que anunciava uma "crise no cosmo".[**] Os dados insinuavam algo impossível: o universo parecia mais jovem do que algumas de suas estrelas.

Todos os meticulosos cálculos da idade do universo, feitos com base na extrapolação da expansão atual até o Big Bang, sugeriam que o universo tinha entre 10 e 12 bilhões de anos, enquanto medições obtidas de estrelas mais velhas em aglomerados antigos próximos forneciam um resultado mais perto de 15 bilhões.

---

[*] In: *Rock 'n' roll e outras peças*. Trad. de Caetano W. Galindo. São Paulo: Companhia das Letras, 2011. (N. T.)
[**] Título literal da matéria "Crisis in the Cosmos". (N. T.)

É claro que estimar a idade de uma estrela nem sempre é uma ciência exata, então havia uma chance de que dados melhores indicassem que as estrelas eram um pouco mais jovens do que aparentavam, cortando, quem sabe, 1 ou 2 bilhões da discrepância. Mas estender a idade do universo para terminar de resolver esse problema criaria outro ainda pior. Um universo mais velho exigiria que se descartasse a teoria da inflação cósmica — um dos avanços mais importantes no estudo do universo primordial desde a descoberta do próprio Big Bang.

Levaria mais três anos de análise dos dados, revisão de teorias e criação de formas completamente novas de medição do cosmo até os astrônomos encontrarem uma solução que não quebrasse o universo primordial. Ela só quebrou todo o resto. No fim das contas, a resposta se resumia a um tipo novo de física entremeado na própria malha do cosmo — um tipo que transformaria fundamentalmente nossa visão sobre o universo e produziria uma completa reformulação de seu futuro.

UM MAPA DO CÉU VIOLENTO

Os cientistas que descobriram a solução para a crise da idade cósmica no final dos anos 1990 não estavam tentando revolucionar a física. Eles só queriam responder a uma pergunta aparentemente simples: com que rapidez a expansão do universo está *desacelerando*? Na época, era de conhecimento geral que a expansão do cosmo fora deflagrada pelo Big Bang, e que a gravidade de tudo que ele contém vinha freando essa expansão desde então. Se conseguíssemos medir um número — o chamado parâmetro de desaceleração —, poderíamos determinar o equilíbrio entre o impulso expansivo do Big Bang e a força de retração da gravidade de tudo que compõe o universo. Quanto maior o parâmetro de desaceleração, maior a força com que a gravidade está pisando no freio da expansão cósmica. Um valor alto indicaria que o universo está fadado a um Big Crunch; um valor baixo sugeriria que, embora esteja desacelerando, a expansão nunca vai parar totalmente.

É claro que, para mensurar a desaceleração, é preciso arrumar um jeito de calcular a velocidade de expansão do universo no passado e compará-la com a velocidade de expansão atual. Felizmente, toda aquela história de que podemos ver diretamente o passado se olharmos para coisas distantes, somada ao detalhe de que a expansão do universo faz com que tudo pareça estar se afastando de nós, significa que isso com certeza é possível. Basta olhar para algo próximo e para algo muito distante, ver a velocidade com que cada um está se afastando de nós e fazer alguns cálculos. Simples!

Tudo bem, na prática não é nada simples, porque temos que saber as distâncias e os desvios para o vermelho, e é difícil mensurar distâncias no espaço sideral. Mas basta dizer que é *possível*, ainda que muito, muito difícil. Felizmente, os astrônomos têm uma coleção imensa e variada de ferramentas para fazer medições do cosmo; e, nesse caso, explosões termonucleares cataclísmicas de estrelas distantes encaixam direitinho!

A explicação abreviada é que certos tipos de supernovas produzem explosões com propriedades tão previsíveis que podemos usá-las como marcadores de distância para o universo. Elas têm a ver com a morte violenta de estrelas anãs brancas, que, quando não estão ocupadas explodindo, são o tipo de resquício estelar em lento processo de resfriamento que, com o tempo, nosso Sol vai se tornar, depois de passar da fase de gigante vermelha assassina de planetas. Quando uma anã branca cresce até atingir certa massa crítica (seja sugando matéria de uma estrela companheira ou colidindo com outra anã branca),* ela detona. Esse tipo de estrela é conhecido como supernova tipo Ia, e produz um aumento e declínio característico de brilho e um espectro de luz revelador que conseguimos distinguir de outras conflagrações cósmicas com um belo grau de confiança. Em princípio, se conhecemos bastante da física em torno desse tipo de explosão, se sabemos qual a intensidade do brilho se visto de perto, e se levamos em conta o brilho visto aqui de onde estamos, dá para deduzir a distância que a luz percorreu. (Chamamos isso de método da "vela-padrão", porque é como se tivéssemos uma lâmpada e soubéssemos o valor exato da potência. Com essa informação, sempre é possível deduzir a distância a partir do fato de que a lâmpada vai parecer mais escura quando estiver mais longe por um fator que varia com o quadrado da distância. Só que falamos "vela" em vez de "lâmpada" porque soa mais poético.)

Depois que definimos a distância, precisamos saber a velocidade com que a supernova está se afastando. Para isso, podemos usar o desvio para o vermelho da luz da galáxia em que a estrela explodiu, o que informa quão rapidamente a expansão cósmica está acontecendo ali. Tomando a distância e a velocidade da luz para calcular há quanto tempo aquilo tudo aconteceu, obtemos uma medida da taxa de expansão no passado.

Em 1998, poucos anos depois que a matéria da *Discover Magazine* soou o alarme sobre a idade do cosmo, dois grupos de pesquisa independentes que estavam coletando observações de supernovas distantes chegaram à mesma conclusão absolutamente estapafúrdia. Aquele parâmetro de desaceleração — que deter-

---

* Por mais estranho que pareça, até o momento da escrita deste livro, ainda não sabemos bem qual desses dois é o principal mecanismo que leva a isso. Só vemos a estrela explodir e sabemos que havia pelo menos uma anã branca envolvida.

minava a rapidez com que a taxa de expansão estava diminuindo — era negativo. A expansão não estava freando nem um pouco. Estava acelerando.

O FORMATO DO COSMO

Se o cosmo fosse comportado, a física básica relacionada à expansão do universo funcionaria com a simplicidade de uma bola jogada para o alto, como falamos no capítulo anterior. Se for jogada com pouca força, ela sobe por um tempo, perde velocidade, para e volta a cair: é como se tivéssemos um universo com matéria suficiente (ou a expansão inicial do Big Bang fosse fraca o bastante) para que a gravidade levasse a melhor e fizesse o universo implodir de novo. Se for jogada a uma velocidade *absurdamente alta*, ela pode acabar escapando da atração da Terra e pairar no espaço para sempre, em constante desaceleração: um universo perfeitamente balanceado entre expansão e gravidade. Se for jogada com uma velocidade ainda maior, ela vai escapar e ficar à deriva para sempre, aproximando-se de uma velocidade constante à medida que a influência da gravidade terrestre diminui: é como se fosse um universo que não para nunca de se expandir, com uma quantidade de matéria insuficiente demais para reverter a expansão ou sequer desacelerá-la significativamente.

Cada um desses tipos de universo possíveis tem um nome e uma geometria específica. A geometria não é o formato externo do universo, no sentido de ser uma esfera, um cubo ou algo nessa linha. É uma propriedade interna — algo capaz de nos dizer como raios laser gigantescos se comportariam se fossem disparados pelo cosmo em escalas imensas. (Porque, se é para mensurar uma propriedade do espaço, que seja com raios laser gigantescos.) Um universo fadado ao Big Crunch é chamado de universo "fechado", porque dois raios paralelos disparados por um canhão de laser acabariam convergindo depois de um tempo — como acontece com as linhas longitudinais de um globo. No caso do cosmo, o que acontece é que um universo fechado tem tanta matéria que *todo o espaço* se curva para dentro. Um universo perfeitamente balanceado seria "plano", porque os raios continuariam paralelos para sempre, mais ou menos como duas linhas paralelas que continuam paralelas em uma folha lisa de papel. Um universo com muito mais expansão do que gravidade é chamado de universo "aberto", e, nesse caso, como você já deve ter imaginado, os dois raios laser se afastariam com o tempo. O análogo bidimensional dessa possibilidade é uma forma de sela: se você tentar traçar linhas paralelas em uma sela (ou, se você não tiver uma sela à mão, pode usar uma batata Pringles), elas vão se distanciar. Esses formatos representam a "curvatura em larga escala" do universo — a intensidade com que o espaço como um todo é distorcido (ou não) pela matéria e energia que contém.

O primeiro aspecto que essas possibilidades têm em comum é que todas fazem sentido, fisicamente; elas funcionam com as equações da gravidade de Einstein. Outra coisa é que, em todas as três, a expansão atual está desacelerando. Na época em que foram feitas as medições das supernovas, não havia qualquer mecanismo físico razoável que fizesse o universo *acelerar* a expansão. Era uma ideia tão esquisita quanto imaginar que a bola que você jogou para o alto desacelerou um pouco e, então, de repente, *disparou para o espaço a troco de nada*. Tão esquisita quanto, só que para o UNIVERSO INTEIRO.

As medições foram verificadas uma, duas vezes, mas insistiram em levar os físicos à mesma conclusão. A expansão estava acelerando.

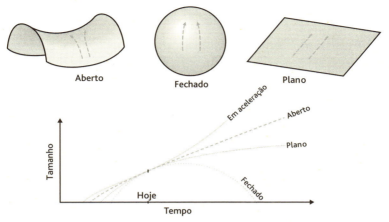

Figura 10: Universos abertos, fechados e planos e sua evolução ao longo do tempo. Os diagramas acima indicam o formato do universo segundo três modelos cósmicos diferentes. Em um universo aberto, raios de luz paralelos se afastam ao longo do tempo. Em um universo plano, eles continuam paralelos. A diferença de geometria corresponde aos diferentes destinos do cosmo ilustrados no gráfico. No caso do universo fechado, a gravidade é suficiente para provocar a reimplosão do universo, enquanto no aberto a gravidade perde e o universo se expande para sempre. Um universo plano perfeitamente balanceado continua se expandindo, mas em constante desaceleração. Contudo, se um universo contém energia escura, a expansão pode se acelerar (embora a geometria do espaço continue plana).

Eram tempos de desespero, que exigiam medidas desesperadas. Tão desesperadas que os astrônomos invocaram a existência de um vasto campo de energia cósmica que fosse capaz de proporcionar ao próprio vácuo do espaço um impulso intrínseco para fora em todas as direções — uma característica até então desconhecida do espaço-tempo que faria o universo se expandir para sempre, por conta própria, a partir de uma fonte de energia sempre presente, que jamais se esgotaria. Uma *constante cosmológica*.

ESPAÇO NÃO TÃO VAZIO

Ao contrário da maioria das revisões monumentais das bases da física, a constante cosmológica não é nenhuma novidade. Na verdade, a ideia nasceu com Einstein* e combinava muito bem com suas equações de gravidade que regiam a evolução do universo. Mas ela se baseava em uma premissa extremamente equivocada e, de fato, nunca devia ter sido posta no papel.

As intenções de Einstein eram boas. O propósito da constante cosmológica era salvar o universo de um colapso catastrófico. Ou, mais precisamente, de já ter sofrido um colapso catastrófico. Na qualidade de especialista em tudo que tinha a ver com gravitação, Einstein sabia que todos os dados disponíveis apontavam para a conclusão incômoda de que a gravidade deveria ter destruído o universo há muito tempo. Isso foi em 1917, meio século antes de a teoria do Big Bang ser amplamente aceita, uma época em que ainda se acreditava que o cosmo era estático e imutável. As estrelas podiam viver e morrer, a matéria podia se reorganizar ligeiramente, mas o espaço era o *espaço* — só um ambiente onde outras coisas aconteciam. Então, quando viu que o céu noturno tinha estrelas aparentemente estacionárias, Einstein percebeu que o universo não estava bem. Ele pensou que cada uma dessas estrelas devia estar exercendo atração gravitacional sobre todas as outras, e que elas deviam estar se aproximando lentamente ao longo do tempo. E para as outras estrelas não faz diferença que elas estejam muito distantes; a gravidade é uma força infinita e puramente atrativa. (Convém destacar que nessa época ainda não havia sido estabelecida a existência de outras galáxias, do contrário

---

* Por mais frustrante que seja para nós da comunidade de físicos admitirmos, o cara teve muitas ideias bem boas.

ele teria aplicado o argumento às galáxias, em vez de às estrelas. O problema continuaria o mesmo.) Em um universo imutável, não há distância em que não ocorra algum nível de atração, e ao longo do tempo essa atração deveria fazer tudo se aproximar. Os cálculos de Einstein diziam que um universo povoado por objetos massivos já deveria ter implodido. A própria existência do cosmo era uma contradição.

É claro que isso parecia ruim. Felizmente, Einstein arrumou espaço em sua teoria da relatividade geral para fazer um pequeno ajuste e resgatar o universo. Nada no espaço poderia se opor à gravidade das estrelas, mas talvez *o próprio espaço* pudesse. Einstein já havia desenvolvido uma bela equação para descrever como o formato do espaço reagia à atração gravitacional de tudo que existe no cosmo. Para garantir que a atração gravitacional não implodisse imediatamente o espaço, ele só precisou decidir que a equação estava incompleta e acrescentar um termo que conseguisse esticar o espaço entre objetos em gravitação, equilibrando perfeitamente a contradição que a gravidade causaria. O termo não representava um componente novo do universo, e sim uma propriedade do espaço, em que cada pedacinho possui uma espécie de energia repulsiva. Quando se tem muito espaço e não muita matéria (como no espaço entre estrelas ou galáxias), essa energia repulsiva pode se opor à atração gravitacional.

Sucesso! A equação funcionou. Ela fornecia uma bela descrição de um universo estático em que a existência de outras estrelas ou galáxias não leva ao colapso imediato do cosmo inteiro. Einstein tinha conseguido de novo.

Só havia um problema: o universo não é estático. Isso ficou evidente para a comunidade de astrônomos alguns anos depois, quando se descobriu que aqueles borrões no céu que antes eram chamados de "nebulosas espirais" na verdade eram outras galáxias. Pouco depois, Hubble usou o desvio para o vermelho dessas galáxias para mostrar que, na verdade, o universo estava se expandindo. Se um universo estático sujeito apenas à gravidade atrativa está condenado, um universo em expansão pode ser salvo, pelo menos de forma temporária, por sua própria expansão. A gravidade talvez a desacelere, e talvez até a reverta, mas um universo pode seguir muito bem por bilhões e bilhões de anos a partir de uma estirada inicial e dos efeitos contínuos dessa expansão. (Como a expansão começou é outra história, mas, para esse problema específico, só precisamos que o universo não esteja tão fatalmente condenado que *já* seja tarde demais, e uma constante cosmológica ou uma expansão resolvem.)

A descoberta do universo em expansão representou toda uma nova perspectiva da cosmologia e um pequeno constrangimento para Einstein. Com certa relutância, ele tirou a constante cosmológica de suas equações e partiu para tentar revolucionar alguma outra área da física fundamental. E assim seguiram as coisas, e a evolução do universo fazia mais ou menos sentido, até que as medições das supernovas bagunçaram tudo de novo em 1998. Diante da expansão acelerada, a constante cosmológica precisou ser ressuscitada, mas pelo menos restou o pequeno alívio de que já era tarde demais para Einstein falar "Eu avisei".

Mas não é porque uma constante cosmológica permite que a expansão do universo esteja acelerando que muitos vão considerá-la uma solução boa e sensata.* Não existe nada que explique por que o termo da constante cosmológica precisa ter o valor que tem, do ponto de vista teórico. Por que ele devia existir, além de ser uma gambiarra suspeita e conveniente para nossas equações?

---

* Dá para dizer que sua área de estudo é exigente quando SALVAR O UNIVERSO é pouco.

E, se precisamos ter uma constante cosmológica, por que não um valor mais alto? Uma das maneiras mais logicamente naturais para o universo ter uma constante cosmológica seria se essa constante fosse derivada da energia de vácuo do universo — a energia do espaço vazio que explica coisas estranhas como partículas virtuais capazes de oscilar quanticamente entre a existência e a não existência. Mas os cálculos com a energia de vácuo exigiam que a teoria quântica de campo desse um número em uma ordem de magnitude 120 vezes maior do que o valor que a constante cosmológica no espaço parece ter de fato. Caso você não saiba, uma ordem de magnitude é um fator de 10. Duas ordens de magnitude são 100. Cento e vinte ordens de magnitude correspondem a 10^{120}. Até para a astrofísica, onde às vezes tomamos certas liberdades com os números, essa discrepância parece grande. Então, se a constante cosmológica não é a energia de vácuo que os pesquisadores da teoria quântica de campo tanto amam, ela é o quê?

Uma solução proposta para esse "problema da constante cosmológica" tem a ver com a hipótese de que a constante é pequena em nosso universo observável, mas pode assumir outros valores a grandes distâncias, e que é só por acaso que estamos onde estamos. (Ou, em vez de acaso, necessidade, se valores muito diferentes da constante cósmica representassem alguma incompatibilidade com o desenvolvimento da vida e da inteligência, fazendo o espaço se expandir rápido demais para permitir a formação de galáxias.) Outra possibilidade é que não se trate de nenhuma constante cosmológica, e sim de um novo campo de energia no universo que imite a constante cosmológica e talvez possa variar ao longo do tempo, e nesse caso é possível que ele tenha evoluído até o estado atual por algum outro motivo.

Como não sabemos se é mesmo uma constante cosmológica, damos a qualquer fenômeno hipotético que poderia acelerar a expansão do universo o nome genérico de *energia escura*. Para usar um pouco mais de terminologia, uma energia escura em evolução (ou seja, não constante) costuma ser chamada de *quintessência*, uma derivação de "quinto elemento", um troço qualquer misterioso que era um tópico de bastante especulação na Idade Média e ainda não tem nenhuma definição muito específica. Um detalhe legal da hipótese da quintessência é que ela poderia nos levar a uma teoria com certos paralelos com a inflação cósmica no início dos tempos. Sabemos que o que quer que tenha provocado a inflação cósmica acabou desligando-a, então talvez um campo semelhante que provoque expansão acelerada tenha se ativado desde então, produzindo a aceleração que vemos hoje.

(Um problema da hipótese da quintessência é que é teoricamente possível que uma energia escura que mude ao longo do tempo cause a destruição violenta do universo. Por exemplo, se o que está acelerando a expansão agora der meia-volta, pode fazer o universo parar e implodir, levando-nos de volta a um Big Crunch. Felizmente, isso parece bastante improvável, embora não possamos descartar de vez.)

Seja como for, com base em observações, por enquanto parece mesmo que a energia escura é uma constante cosmológica: uma propriedade inalterável do espaço-tempo que só começou a dominar a evolução do universo recentemente (isto é, nos últimos bilhões de anos). Nos primórdios, quando o cosmo era mais compacto, não havia *espaço* suficiente para a constante cosmológica (que é uma propriedade do espaço vazio) fazer muita coisa, então a expansão nessa época estava desacelerando, como teríamos imaginado. Mas, há uns 5 bilhões de anos, a matéria ficou tão difusa com a expansão cósmica normal que a elasticidade inerente do espaço infundida pela constante cosmológica começou a ficar bem perceptível. Agora somos capazes de mensurar o deslocamento de explosões de supernovas tão distantes que elas explodiram antes de a expansão começar a ganhar velocidade, o que significa que podemos identificar quando o universo estava desacelerando e, com bastante precisão, quando ele passou a acelerar. A energia escura pode ser ainda um campo novo e dinâmico. Mas, até o momento, uma constante cosmológica se encaixa perfeitamente nos dados.

Se levarmos isso até as últimas consequências, é até meio irônico. Porque agora parece que o termo que Einstein usou para salvar o universo vai acabar por condená-lo.

A ESTEIRA CÓSMICA INFINITA

Um apocalipse induzido por uma constante cosmológica é lento e agonizante, marcado por um isolamento crescente, uma degradação inexorável e uma caminhada extremamente longa rumo às trevas. De certa forma, ele não é exatamente o fim *do universo*, mas sim *de tudo nele*, o que dá no mesmo.

Uma constante cosmológica é fatídica para o universo porque, depois que começa, a expansão acelerada não para nunca mais.

O universo observável atual provavelmente é maior do que você imagina. A parte "observável" se refere à região dentro de nosso *horizonte de partículas*. Definimos isso como a maior distância possível que conseguimos enxergar, considerando os limites da velocidade da luz e da idade do universo. Como a luz leva algum tempo para viajar, e como os objetos mais distantes estão, na nossa perspectiva, mais afastados no passado, precisa haver uma distância correspondente ao próprio início do tempo. Uma distância a partir da qual um raio de luz que saísse no primeiro instante levasse todo o tempo de existência do universo para chegar até nós. Isso delimita o horizonte de partículas, e é a distância máxima a que podemos observar qualquer coisa, mesmo que apenas teoricamente. Partindo do princípio de que o universo tem cerca de 13,8 bilhões de anos, a lógica nos leva a presumir que o horizonte de partículas deve ser uma esfera com 13,8 bilhões de anos-luz de raio. Mas isso no caso de um universo estático. Na realidade, como o universo vem se expandindo esse tempo todo, algo que estava perto o bastante para emitir luz até nós há 13,8 bilhões de anos agora está muito mais longe — a aproximadamente 45 bilhões de anos-luz. Então podemos definir o universo observável como uma esfera de cerca de 45 bilhões de anos-luz de raio, com a Terra no centro.*

O mais próximo que podemos chegar de ver essa "borda" é a radiação cósmica de fundo em micro-ondas, cuja luz veio de quase tão longe quanto o horizonte de partículas. Mas, olhando com um pouco mais de atenção, podemos ver também galáxias antigas que agora estão a mais de 30 bilhões de anos-luz de distância. Mas a luz que vemos dessas galáxias começou a cruzar o universo muito antes de elas chegarem a distâncias tão prodigiosas. Caso contrário, nem conseguiríamos vê-las, pois a luz que está saindo delas agora** nunca nos atingirá. Acontece que, em um universo que está se expandindo de maneira uniforme, onde os objetos mais remotos estão se afastando mais rápido, é inevitável que haja uma distância para além da qual a velocidade de recessão aparente é maior que a velocidade da luz, de modo que a luz não consiga chegar.

---

* Se estivéssemos em outra galáxia, em outra parte do universo, também definiríamos o universo observável como uma esfera de cerca de 45 bilhões de anos-luz de raio, com a nossa posição no centro. "Universo observável" é um conceito subjetivo, literalmente egocêntrico.

** Como vimos no capítulo 2, o conceito de "agora" é complicado.

"Espera aí!", você vai me dizer. "Não existe nada mais rápido que a velocidade da luz!" Bem lembrado, mas isso não chega a ser uma contradição. Embora não seja possível superar a velocidade da luz viajando *pelo* espaço, não existe nenhuma regra que limite a rapidez com que as coisas podem se afastar quando estão estacionadas em um espaço que cresce.

A distância em que as galáxias passam a se afastar de nós a uma velocidade maior que a da luz é surpreendentemente próxima, considerando até onde somos capazes de enxergar. Chamamos essa distância, que vai até uns 14 bilhões de anos-luz de nós, de raio de Hubble. Comentei no capítulo 3 que podemos expressar a distância de um objeto usando seu desvio para o vermelho — o grau de desvio da luz deles em direção à extremidade vermelha (baixa frequência/ longo comprimento de onda) do espectro devido à expansão do universo. Um objeto no raio de Hubble deve ter um desvio para o vermelho de cerca de 1,5, o que significa que a onda de luz, e o universo propriamente dito, se esticou para duas vezes e meia o comprimento original desde o momento de emissão da luz.* Mas até essa distância absolutamente inimaginável é, em termos cosmológicos, logo ali na esquina. Já observamos supernovas com desvios para o vermelho de quase 4. As galáxias mais distantes que já vimos apresentavam desvio para o vermelho de cerca de 11, e a radiação cósmica de fundo em micro-ondas tem um desvio para o vermelho de aproximadamente 1100.

Então como é que conseguimos ver tantas coisas tão longe que estão se afastando de nós a uma velocidade maior que a da luz e que, na verdade, sempre estiveram? Se algo está se afastan-

---

* O fator de aumento do tamanho relativo do universo é 1 mais o desvio para o vermelho, então algo próximo, com desvio 0, está em um universo do mesmo tamanho do nosso.

do mais rápido que a luz, um raio de luz que esse algo emitir vai se afastar de nós, não chegar mais perto. O segredo é que a luz que estamos captando saiu do ponto de origem há muito tempo, quando o universo era menor e a expansão estava desacelerando. Então um raio de luz que começou sendo conduzido pela expansão do espaço no sentido contrário a nós (ainda que tenha sido emitido em nossa direção) conseguiu nos "alcançar" enquanto a expansão perdia velocidade e chegou a uma parte do universo que estava próxima o bastante para que a velocidade de recessão fosse menor que a velocidade da luz. Ele entrou em nosso raio de Hubble por fora.

Imagine-se no meio de uma esteira muito comprida que está indo mais rápido do que você consegue correr. Mesmo se estiver correndo o máximo possível, você vai recuar. Mas, se não recuar demais, e se a esteira desacelerar o bastante, com o tempo você consegue recuperar o terreno perdido e começar a avançar antes de cair na parte de trás. Então, se você estiver em um universo cuja expansão está desacelerando, vai conseguir enxergar objetos cada vez mais distantes com o passar do tempo, à medida que a luz desses objetos alcança a expansão. A "zona segura" em que a velocidade da expansão é menor que a velocidade da luz, esse raio de Hubble, cresce com o tempo e engloba objetos que antes estavam do lado de fora. Nossos horizontes,[*] de certa forma, se expandem.

---

[*] Tecnicamente, o raio de Hubble não é um horizonte, no sentido da física. O horizonte de partículas, sim; é um limite para além do qual é impossível obtermos qualquer informação. O raio de Hubble é só o raio até onde a velocidade de expansão ATUAL é igual à velocidade da luz, mas ele muda com o passar do tempo, e, como acabamos de ver, é possível que objetos entrem nele. Às vezes as pessoas o chamam de horizonte, mas muitos cosmólogos ficam bastante agitados se você usa esse termo.

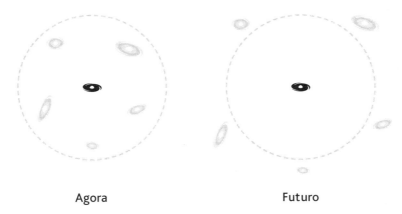

               Agora   Futuro

Figura 11: O raio de Hubble agora e no futuro. *Conforme a expansão do universo acelera, as galáxias que estão dentro de nosso raio de Hubble sairão. Com o tempo, nenhuma galáxia fora de nosso Grupo Local será visível.*

Mas a energia escura estraga tudo. Por causa dela, a expansão não está mais desacelerando — na verdade, ao longo dos últimos 5 bilhões de anos, mais ou menos, ela vem acelerando. E, embora o tamanho físico do raio de Hubble tecnicamente ainda esteja aumentando, o crescimento é tão lento que a expansão está puxando para fora objetos que antes eram visíveis. Podemos enxergar objetos extremamente distantes cuja luz entrou em nosso raio de Hubble antes do começo da aceleração, mas qualquer coisa cuja luz não esteja agora na zona de segurança permanecerá invisível para sempre. (Vamos voltar a isso mais tarde.)

    Mesmo sem a complicação da energia escura, talvez seja difícil enfiar na cabeça um universo em expansão.*

---

* Não literalmente, claro. Isso seria não só impossível, mas também extremamente desaconselhável.

O fato de que o universo está se expandindo significa que ele era menor no passado: tudo bem.

O fato de que ele era menor no passado significa que algo que está longe agora ficava mais perto antes: certo.

Isso, por sua vez, significa que existe uma galáxia muito distante que conseguimos ver hoje e que, há bilhões de anos, estava mais ou menos perto: aham.

E, muito tempo atrás, essa galáxia disparou um raio de luz que estava se afastando de nós, mesmo tendo sido apontado na nossa direção, mas que pela nossa perspectiva meio que parou, começou a se aproximar e acabou de chegar em nós: bom, vendo por um lado, isso talvez faça algum sentido.

MAS FICA MAIS ESTRANHO AINDA.

Desculpem as maiúsculas. Sério mesmo. Mas não vou dourar a pílula. O universo é *esquisito pra caramba*, e esse negócio de raio de Hubble e universo observável é uma parte importante disso e faz com que aconteçam coisas extremamente bizarras. E agora vou contar uma das maiores esquisitices que eu conheço na cosmologia. Sabe quando algo que está muito longe parece menor? Isso é totalmente normal. Quanto mais longe algo está, menor parece. As pessoas parecem minúsculas quando vistas de um avião. Prédios distantes ficam menores que o nosso dedão. Todo mundo sabe disso.

Só que lá pelo universo? Não tanto.

Por um tempo, sim, coisas mais distantes são menores. O Sol e a Lua parecem ter o mesmo tamanho para nós porque, embora o Sol seja muito maior, ele está muito mais longe. E, em muitos bilhões de anos-luz, quanto mais longe estiver uma galáxia, menor ela parecerá. Nada de estranho nisso. Mas, pelos arredores do raio de Hubble, essa razão *se inverte*. Para além dessa distância, quanto mais longe algo estiver, maior ele parecerá! É claro que isso é

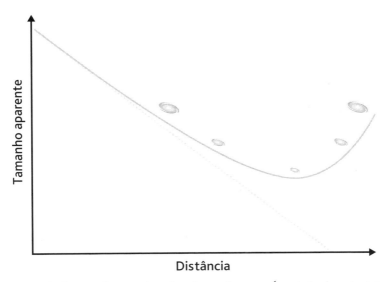

Figura 12: O tamanho aparente de galáxias distantes (partindo do princípio de que tenham o mesmo tamanho físico) em função da distância até nós. *Até certa distância, uma galáxia que está longe parece menor, mas, a partir de certo ponto, essa proporção se inverte, e uma galáxia mais distante vai parecer maior no céu. A linha pontilhada indica como seria a relação do tamanho aparente com a distância em um universo estático.*

superconveniente para nós, astrônomos, pois permite que vejamos a estrutura e os detalhes de galáxias extremamente distantes, que em um universo razoável pareceriam pontos infinitesimais. Mas, se gastarmos energia demais pensando nisso, ainda parece uma geometria completamente absurda.

O motivo dessa inversão tem relação com o porquê podemos enxergar coisas que estão se afastando de nós a uma velocidade maior que a da luz. No passado, quando a luz foi emitida, elas estavam mais próximas. Na verdade, estavam tão próximas que cobriam a maior parte do céu. Embora agora estejam muito mais longe, o "retrato" que elas mandaram passou esse tempo todo viajando até nós e só chegou agora, exibindo a imagem fantasmagórica de algo muito mais próximo. E, quanto mais recuamos no tempo, menor o universo era. Então, a partir de certo ponto, o equilíbrio entre "o universo era menor no passado" e "a luz leva certa quantidade de tempo para chegar aqui" faz com que uma galáxia que *agora* está mais distante do que outra talvez estivesse *mais perto* quando emitiu sua luz.

Bom, eu avisei que seria esquisito.

Enfim, se você está achando isso tudo muito confuso e estapafúrdio, não tem o menor problema, é perfeitamente normal. Quem sabe se você tentar rabiscar uns guardanapos e depois esticá-los em todas as direções enquanto corre em uma esteira infinita a uma velocidade absurda ao longo de bilhões de anos, talvez faça algum sentido. Enquanto isso, é melhor voltarmos para o que isso significa para o futuro da existência. Porque não é nada bom.

O LENTO APAGAR DAS LUZES

Dizer que "a energia escura estraga tudo" não é exagero. Paradoxalmente, em um universo em expansão acelerada, a influência exercida por seu conteúdo é cada vez menor. As galáxias distantes que forem arrancadas do raio de Hubble pela expansão cósmica desaparecerão para nós. Galáxias cujo passado distante podemos enxergar hoje se apagarão lentamente, como fotografias antigas perdendo a cor. Em nossa região cósmica, depois da fusão da Via Láctea com Andrômeda, nosso pequeno Grupo Local de galáxias ficará cada vez mais isolado, cercado por escuridão e pela moribunda luz primordial. Por todo o cosmo, invisíveis para nós, outros grupos e aglomerados de galáxias se fundirão em gigantescos amontoados elípticos de estrelas, ardendo intensamente na violência inicial das colisões, mas acabarão por se desintegrar em brasas, cujo brilho jamais sairá da própria zona de espaço vazio em expansão.

Com o tempo, cada nova e moribunda supergaláxia ficará completamente sozinha. Nada mais voltará a se aproximar trazendo um aporte fresco de gás para produzir novas estrelas. As que já existirem queimarão até se apagar, explodindo como supernovas ou, na maioria dos casos, descartando camadas exteriores até se tornarem relíquias ardendo em fogo baixo, esfriando-se gradualmente por bilhões ou trilhões de anos. Os buracos negros vão crescer durante um tempo. Alguns engolirão galáxias inteiras de restos estelares mortos; alguns se estagnarão, longe demais de qualquer nova matéria que possa ser consumida.

Quando todas as estrelas se apagarem, começará a degradação definitiva.

Os buracos negros vão começar a evaporar.

Inicialmente se pensava que os buracos negros fossem eternos — capazes de crescer graças ao consumo de outras matérias, mas incapazes de perder massa. Faz sentido que algo definido pelo fato de que nem a luz é capaz de escapar seja um poço infinito sem volta. Mas, nos anos 1970, Stephen Hawking calculou que os efeitos quânticos no horizonte de um buraco negro o fazem brilhar levemente. Esse processo começa devagar e vai aumentando de velocidade, luminosidade e calor, até uma explosão final que acaba em desaparecimento. Até os buracos negros supermassivos no centro de galáxias, com massa milhões ou bilhões de vezes maior que a do Sol, estão fadados a se apagar e sumir.

A matéria comum — a que compõe estrelas, planetas, gás e poeira — tem um destino parecido, ainda que menos dramático.

Sabe-se que a maioria das partículas de matéria é instável, em algum aspecto. Se ficarem largadas por tempo suficiente, elas decaem e se transformam em outras coisas, perdendo massa e energia no processo. Um nêutron, por exemplo, acaba virando um próton, um elétron e um antineutrino. Embora nunca tenhamos visto o decaimento de um próton em laboratório, temos motivos para crer que isso também pode acontecer, se der para esperar uns 10^{33} anos. A essa altura, até os átomos de hidrogênio, que persistem na qualidade de átomos mais numerosos do universo desde o Big Bang, finalmente deixarão de existir.

O futuro distante de um universo regido pela energia escura em forma de constante cosmológica é dominado pela escuridão, pelo isolamento, pelo vazio e pelo decaimento. Mas esse desaparecimento vagaroso é só o começo do fim derradeiro: a morte térmica.

A expressão "morte térmica" pode parecer equivocada para um estado do cosmo que é mais frio e escuro do que qualquer outro momento na história da criação. Mas, neste caso, a palavra "térmica" é um termo técnico da física, não no sentido de "algo que esquenta", mas no de "movimento desordenado de partículas ou energia". E não é uma morte *quente*, mas sim uma morte *pelo calor*. É especificamente a desordem que nos mata. E é por isso que precisamos parar um pouco e conversar sobre entropia.

A entropia talvez seja um dos assuntos mais importantes, versáteis e tragicamente obscuros de toda a ciência. Ela aparece em tudo — não só na física que explica desde balões até buracos negros, mas também em ciência da computação, em estatística e até na economia e na neurociência. Geralmente, a entropia é explicada em termos de desordem. Quanto maior a desordem de um sistema, maior a entropia. Um amontoado de peças de quebra-cabeça tem mais entropia do que um quebra-cabeça montado; um ovo mexido tem mais entropia que um intacto. Em casos em que a "desordem" não é uma propriedade imediatamente óbvia, pode-se pensar em entropia no sentido de quão livres ou contidos estão os elementos de um sistema. Falando concretamente, um quebra-cabeça montado tem baixa entropia porque só existe uma forma de todas as peças se organizarem de modo a formar um jogo completo, enquanto um amontoado de peças pode ter inúmeras configurações e vai continuar sendo um amontoado.

Embora esses exemplos não deixem claro, entropia maior também está associada a temperatura maior. Isso faz sentido se pensarmos na diferença entre um pedaço de gelo e uma nuvem de vapor. Para virar gelo, as moléculas de água precisam se organizar em uma estrutura de cristal, enquanto as partículas do vapor podem se movimentar livremente em três dimensões. Mas, mesmo se o vapor se esfriar um pouco, a entropia já diminui, porque as partículas se movimentam menos: elas ficam mais restritas, ou menos desordenadas.

O importante na entropia, em termos cósmicos, é que ela aumenta com o tempo. A Segunda Lei da Termodinâmica* define que, em qualquer sistema isolado, a entropia total só pode aumentar, nunca diminuir. Em outras palavras, a ordem não

---

* As outras leis não são tão empolgantes, embora, só para serem diferentes, comecem no zero. Resumindo, elas são: 0) Se um objeto se encontra em equilíbrio térmico com outro, e se um terceiro está em equilíbrio com esse segundo, todos os três estão em equilíbrio uns com os outros; 1) A energia se conserva, e máquinas de movimento perpétuo são impossíveis (sinto muito); 3) Conforme algo se aproxima da temperatura do zero absoluto, sua entropia se aproxima de um valor constante.

aparece espontaneamente do nada, e, se algo for deixado à própria sorte por tempo suficiente, é inevitável a degradação rumo à desordem. Qualquer pessoa que já tenha tentado manter a mesa organizada vai entender essa que é a lei natural mais intuitiva e enlouquecedora do universo.

Pode-se debater se o universo propriamente dito conta como sistema isolado, mas, se considerarmos que sim, chegamos à conclusão de que o futuro do cosmo está fadado inevitavelmente a um estado crescente de desordem e decaimento. Na verdade, a Segunda Lei é considerada tão inexorável e fundamental que dizem que a passagem do próprio tempo é culpa dela.

As leis da física não costumam ter qualquer relação com a direção do tempo; na maioria das situações, pegar uma equação da física e inverter o sentido do tempo não faz a menor diferença. A única parte da física que parece manifestar algum interesse pelo rumo que o tempo está seguindo é a entropia. Na verdade, é possível que o único motivo pelo qual somos capazes de lembrar o passado e não o futuro é que "as coisas só podem piorar" é uma verdade tão universal que chega a moldar a realidade que conhecemos.

"Espera aí!", você poderia dizer. "Eu montei o quebra-cabeça! Criei ordem! Será que acabei de inverter a seta do tempo?!"

Não exatamente. O quebra-cabeça não é um sistema isolado, nem você. Tecnicamente, qualquer aumento localizado de entropia pode ser revertido com uma quantidade suficiente de esforço. Seria absurdamente difícil, mas *seria* possível desmexer um ovo se nos dedicássemos tempo suficiente e tivéssemos equipamentos de laboratório incrivelmente sofisticados. Mas a entropia total sempre aumenta. No caso do quebra-cabeça, o esforço que você faz para juntar as peças demanda um gasto de energia, o que significa que você está decompondo substâncias químicas de alimentos e gerando calor e produzindo resíduos (por exemplo, dióxido de carbono) em seu ambiente. Isso aquece o cômodo, cria micropartículas e, provavelmente, deixa sua camisa amarrotada no processo. Não sei o que uma máquina desmexedora de ovos faria com seu entorno, mas eu não gostaria de estar no mesmo ambiente fechado quando ela estivesse funcionando.

Aliás, é por isso que sua cozinha inteira acaba ficando mais quente se você deixa a porta da geladeira aberta, e é por isso que aparelhos de ar-condicionado podem contribuir para o aquecimento global. Toda tentativa de moldar alguma parte do mundo à nossa vontade cria desordem em algum outro lugar, geralmente em forma de calor.

Por mais que isso possa ter aplicações interessantes para ovos, geladeiras e ares-condicionados, a história fica *muito* mais esquisita quando introduzimos buracos negros na conversa.

Nos anos 1970, os físicos conversavam muito sobre a entropia e como a entropia do *universo inteiro* devia estar aumentando com o tempo, e que consequências isso poderia ter. Na mesma época, um jovem e ainda não muito famoso Stephen Hawking e um estudante de pós-doutorado mais jovem ainda chamado Jacob Bekenstein estavam pensando em buracos negros e imaginando se essas lixeiras bizarras e inescapáveis do espaço-tempo poderiam bagunçar a Segunda Lei da Termodinâmica. E se, por exemplo, você usasse seu desmexedor de ovos para desmexer o ovo, guardasse o ovo e jogasse o laboratório todo do desmexedor, junto com a bagunça quente que ele produziu, dentro do buraco negro mais próximo? Será que a entropia total do universo seria reduzida se você recompusesse o ovo e se livrasse de toda a entropia criada no processo? Afinal, um buraco negro é definido como algo de onde nem a luz consegue escapar, um objeto tão massivo e compacto que sua gravidade puxa os raios de luz emitidos de volta para baixo e os mergulha na singularidade central. A partir do horizonte de eventos de um buraco negro, do ponto sem volta gravitacional, nada — nenhum raio de luz, nenhuma informação, nenhum calor — consegue escapar. Será que esconder a entropia atrás do horizonte de eventos de um buraco negro seria o crime perfeito?

Se você tiver que quebrar alguma parte da física, não tente aprontar com a Segunda Lei da Termodinâmica. A solução para o problema da entropia de buracos negros acabou mudando tudo o que nós achávamos que conhecíamos sobre buracos negros e absolutamente nada sobre a entropia. Não dá para esconder a entropia em buracos negros, porque eles também têm entropia. O que significa que eles têm temperatura (geram calor) e que não têm nada de negros.

A conclusão a que Bekenstein e Hawking chegaram sobre os buracos negros foi que eles precisam ter alguma entropia para poder existir de acordo com a Segunda Lei. Como a entropia precisa aumentar sempre que o buraco negro engole alguma coisa, faz sentido que ela tenha a ver com o tamanho do próprio buraco negro — especificamente, ela está associada à área total da superfície do horizonte de eventos. Se você jogar uma geladeira em um buraco negro, a massa vai aumentar de acordo com a massa da geladeira, o que aumenta o tamanho do horizonte e, portanto, a área da superfície.*

O fato de que não é possível haver entropia sem temperatura significa que os buracos negros precisam irradiar alguma coisa

---

* Não se trata de uma superfície tangível, e sim de uma esfera no espaço definida pela distância entre o centro do buraco negro e o raio de Schwarzschild, que é o nome que damos para a distância entre a singularidade e o horizonte. O raio de Schwarzschild tem relação direta com a massa do buraco negro.

(especificamente, partículas e radiação). E o único lugar de onde eles *podem* irradiar é o horizonte de eventos, ou logo fora dele, pois ainda se mantém que tudo que o atravessa não volta mais. Então deve estar acontecendo alguma coisa esquisita por ali.

Felizmente, se precisamos de esquisitice na física, sempre dá para contar que o domínio quântico vai render alguma coisa boa. Nesse caso, Hawking usou a esquisitice quântica de *partículas virtuais* — pares de partículas de energia positiva e negativa que surgem e desaparecem no próprio vácuo do espaço.* A ideia é que essa pipoca de espaço-tempo acontece *o tempo todo*, em todo canto, mas geralmente não produz efeito em nada porque as duas partículas aparecem e logo se aniquilam mutuamente, voltando ao nada. Mas, segundo Hawking, perto de um buraco negro, é possível uma situação em que a partícula virtual de energia negativa atravesse o horizonte e deixe a partícula de energia positiva tão transtornada que ela vira real e vai embora. A massa do buraco negro se reduziria um pouco ao absorver essa energia negativa, e a mesma quantidade de energia positiva aparentaria irradiar do horizonte do buraco negro. Como essas partículas virtuais vivem pipocando por todo canto no espaço, qualquer buraco negro que não esteja sugando ativamente matéria de seu entorno deve estar perdendo massa constantemente por esse processo de evaporação.

Por mais complicado que possa parecer, ainda assim trata-se de um retrato extremamente simplificado, apresentado apenas para que se possa capturar uma noção básica do processo, sem entrar em detalhes técnicos *demais*, e é uma explicação que é

---

* Partículas reais não podem ter energia negativa, mas essas são partículas virtuais, um bicho totalmente diferente, e não devem ser confundidas com partículas *de carga* negativa, como elétrons.

sempre usada. Mas nunca a achei particularmente satisfatória, pois parece exigir que as partículas de energia negativa sejam as que mais caem no buraco negro e as de energia positiva as que se afastam com energia suficiente para escapar. Por acaso, apesar de usar esse registro ao falar para o público geral, Hawking nunca quis que essa explicação fosse levada no sentido literal, e a explicação de verdade envolve o cálculo de funções de onda e da dispersão que as ondas sofrem nos arredores de um buraco negro. Não dá para entrar em muitos detalhes sem incluir uma quantidade imensa de contas e um nível de aprofundamento em física que provavelmente levaria dois ou três semestres de aulas semanais para resolver, mas estou falando disso porque, se eu fiquei incomodada, você talvez também fique, e eu queria garantir que, apesar da insuficiência da analogia popular, os cálculos completos fazem sentido, *sim*, se forem rigorosos, usando a relatividade geral e a teoria quântica de campo.

O objetivo desse breve aparte era dizer que podemos presumir com segurança que, diante da perspectiva da morte térmica, os buracos negros evaporam mesmo, deixando para trás apenas um pouco de radiação, que se dispersará por um universo cada vez mais vazio. Espero que ajude.

Ademais, além de em última análise selar o destino de todos os buracos negros, a capacidade que os horizontes têm de irradiar e de dar conta da entropia de tudo que os buracos negros contêm é na verdade uma parte essencial da morte térmica. Porque nosso universo observável também tem um horizonte, e nós estamos dentro dele.

ENTROPIA MÁXIMA

Um universo sujeito a uma constante cosmológica está se encaminhando inexoravelmente rumo à escuridão e ao vazio. Conforme a expansão acelerar, haverá mais espaço vazio, e portanto mais energia escura, o que causa mais expansão e assim sucessivamente. Com o tempo, depois que as estrelas se apagarem, as partículas se decompuserem e os buracos negros evaporarem, o universo basicamente se tornará um espaço vazio preenchido apenas por uma constante cosmológica, em expansão exponencial. Nós chamamos isso de *espaço de De Sitter*, e ele evolui do mesmo jeito que acreditamos que tenha sido durante a inflação do cosmo muito primitivo. Só que a inflação parou depois de um tempo. Se a energia escura for mesmo uma constante cosmológica, a expansão não terá como parar, e o cosmo continuará se expandindo, exponencialmente, para sempre.

Então um universo que se expande eternamente dessa maneira chega a acabar de verdade? Para responder a essa pergunta, precisamos nos aprofundar na entropia e na seta do tempo.

Sempre que uma estrela se apaga, ou uma partícula decai, ou um buraco negro evapora, mais matéria é convertida em radiação livre, que se espalha pelo universo em forma de calor: energia desordenada pura. Algo que tenha sido reduzido a radiação térmica atingiu o máximo de entropia, porque não há mais restrições para o fluxo da energia. À medida que o universo se esvazia mais e mais, essa radiação se dilui continuamente, então talvez você imagine que a entropia total caia junto com a temperatura. Mas isso não acontece.

O negócio funciona da seguinte maneira: quando o universo atinge um estado de expansão exponencial estável, pode-se definir um raio (a partir de um ponto de referência qualquer) para além do qual o resto do cosmo ficará oculto para sempre. É um horizonte verdadeiro no sentido de que nada além dele jamais nos alcançaria. Só que esse horizonte, como o de um buraco negro, também está sujeito à entropia e, portanto, tem temperatura. A diferença é que, em vez de o calor *sair*, como acontece com um buraco negro, ele *entra*. A temperatura é muito baixa — algo na linha de 10^{-40} graus acima do zero absoluto —, mas, depois que tudo tiver decaído, essa radiação será a única coisa que terá restado para conter toda a entropia do universo. Quando o universo chega a esse estado puro de De Sitter, é um *universo de entropia máxima*. A partir desse ponto, é impossível sua entropia total aumentar, o que significa que, em um sentido muito real, a seta do tempo... *some*.

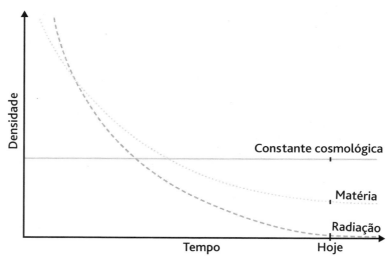

Figura 13: Densidade da matéria, radiação e constante cosmológica ao longo do tempo. *Como a densidade da energia escura (em forma de constante cosmológica) não muda com a expansão do universo, ela passa a dominar a densidade de energia do universo enquanto todo o resto se dilui. Hoje, a energia escura constitui cerca de 70% do universo, enquanto a matéria corresponde a cerca de 30%, e a radiação, a uma parcela diminuta.*

É bom eu reforçar aqui que a seta do tempo e a Segunda Lei da Termodinâmica são tão cruciais para o funcionamento do universo que, se não é possível a entropia aumentar, *não dá para acontecer nada*. Deixa de ser possível a existência de qualquer estrutura organizada, ou de qualquer evolução, ou de qualquer processo significativo. Para que algo aconteça de fato, é necessário o deslocamento de energia de um ponto a outro. Se a entropia não tem como aumentar, então a energia não tem como ir de um lugar para outro sem voltar imediatamente, desfazendo qualquer coisa que, aparentemente, possa ter acontecido por acaso. Os *gradientes* de energia são a base da vida, mas também de toda estrutura ou máquina que realize qualquer tipo de trabalho. Gradientes de energia não têm como existir em um universo que é apenas um mar gigantesco (mas muito frio) de calor. O calor é inútil. O calor é a morte.

Há algumas ressalvas.

E, que fique bem claro, não são ressalvas do tipo "Bom, tecnicamente, tem um pequeno detalhe", e sim ressalvas do tipo "Meu Deus, isso muda tudo".

Desta vez, a esquisitice vem de uma parte da física chamada *mecânica estatística*. É o que usamos quando precisamos falar de algo como temperatura, que na verdade é só a quantidade de movimento em um sistema de partículas, sem descrever meticulosamente a trajetória de cada partícula individual. É na mecânica estatística que a Segunda Lei realmente brilha, pois ela permite que descrevamos um sistema complicado e grande em termos de uma propriedade importante: a entropia. Mas ela também oferece uma espécie de "saída". Sabe aquela história de a entropia sempre aumentar, por se tratar de uma lei inescapável do universo? Tecnicamente, isso só se aplica em média a escalas bastante grandes. Na escala *quântica*, ou mesmo em escalas grandes se esperarmos o suficiente, flutuações imprevisíveis irão colocar espontaneamente, de tempos em tempos, alguma parte do sistema em um estado de menor entropia, de forma aleatória. Quanto maior for o sistema, menor será a probabilidade de essas flutuações fazerem grande diferença, mas, em um universo que está se expandindo eternamente e contém apenas uma constante cosmológica, há tempo e espaço de sobra para esperar, e até situações de probabilidade extremamente baixa podem acontecer. É *improvável* que um cachalote e um vaso de petúnias surjam de repente em um espaço completamente vazio, mas, em princípio, se esperarmos o bastante, pode acontecer.

Isso pode ser útil. Se é possível que algo surja espontaneamente depois da morte térmica, por que não um outro universo?

A ideia não é tão absurda quanto parece. Um dos princípios da mecânica estatística diz que qualquer disposição de um sistema de partículas tem chance de se repetir se esperarmos o bastante. Digamos que você tenha uma caixa cheia de gás, em que as moléculas estejam se movimentando aleatoriamente, e que você tire uma foto delas para marcar a posição em que elas estão em um determinado instante. Se você ficar muito, muito tempo olhando a caixa, em algum momento vai poder rever as moléculas na mesma posição. Quanto menos provável for a configuração, mais tempo vai levar, então uma ocorrência muito rara, como todas as partículas se acomodarem no canto inferior direito da caixa, vai demorar muito mais para se repetir, mas, em princípio, é apenas uma questão de tempo. O nome disso é *recorrência de Poincaré*. Se houver uma quantidade infinita de tempo, qualquer estado que o sistema puder apresentar é um estado que ele APRESENTARÁ de novo, uma quantidade infinita de vezes, e o tempo de recorrência é determinado pela raridade ou peculiaridade da configuração. Em outro exemplo marcante, os físicos Anthony Aguirre, Sean Carroll e Matthew Johnson calcularam certo dia que, se alguém estivesse disposto a esperar algo da ordem de 1 trilhão de trilhão de vezes a idade do universo, poderia ver um piano inteiro se montar sozinho do nada dentro de uma caixa aparentemente vazia.

Um universo pós-morte térmica é, em essência, uma caixa muito grande, muito ligeiramente aquecida, em que a mecânica estatística aparece para fornecer flutuações aleatórias. Se o Big Bang é um estado em que o universo já esteve uma vez, e se o universo pós-morte térmica é eterno (tão eterno que, com a perda da seta do tempo, o passado e o futuro não significam nada), não há nada que impeça que um Big Bang brote do vácuo e recomece o universo.

Mas espere. A esquisitice não para aí. E fica mais pessoal.

Se *todo* estado em que o universo já esteve puder ser revisitado por meio de flutuações aleatórias, quer dizer que *este momento de agora* pode acontecer de novo, nos mesmíssimos detalhes. Não só ele pode acontecer de novo, como pode acontecer de novo *infinitas vezes*.

Essa possibilidade é particularmente interessante para o cosmólogo Andreas Albrecht, que escreveu sobre o que ele chama de estado de *Equilíbrio de De Sitter*. A ideia básica dessa versão de equilíbrio do espaço de De Sitter é que a origem do nosso universo e tudo o que acontece nele podem ser considerados resultados de flutuações aleatórias em um universo que está se expandindo eternamente e só contém uma constante cosmológica. De tempos em tempos, um universo emerge do caldo de calor em um estado inicial de entropia muito baixa e evolui (aumentando a entropia) até sofrer sua própria morte térmica, voltando a decair no universo de fundo de De Sitter. E, de tempos em tempos, em vez de produzir um Big Bang, a flutuação só recria a terça-feira passada — especificamente, aquele instante em que você deu uma topada com o dedo do pé na mesa da cozinha e derrubou uma xícara inteira de café no chão. Aquele instante. E todos os outros da sua vida. E da vida de todo mundo.

Se isso parece uma imagem distópica vagamente familiar, é bem capaz que seja, porque tem uma semelhança perturbadora com um exercício de reflexão pavoroso proposto por Friedrich Nietzsche no final do século XIX. Em *A gaia ciência*, ele escreveu o seguinte:

> E se um dia, ou uma noite, um demônio lhe aparecesse furtivamente em sua mais desolada solidão e dissesse: "Esta vida, como você a está vivendo e já viveu, você terá de viver mais uma vez e por incontáveis vezes; e nada haverá de novo nela, mas cada dor e cada prazer e cada suspiro e pensamento, e tudo o que é inefavelmente grande e pequeno em sua vida, terão de lhe suceder novamente, tudo na mesma sequência e ordem — e assim também essa aranha e esse luar entre as árvores, e também esse instante e eu mesmo. A perene ampulheta do existir será sempre virada novamente — e você com ela, partícula de poeira!". — Você não se prostraria e rangeria os dentes e amaldiçoaria o demônio que assim falou? Ou você já experimentou um instante imenso, no qual lhe responderia: "Você é um deus e jamais ouvi coisa tão divina!". Se esse pensamento tomasse conta de você, tal como você é, ele o transformaria e o esmagaria talvez; a questão em tudo e em cada coisa, "Você quer isso mais uma vez e por incontáveis vezes?", pesaria sobre os seus atos como o maior dos pesos! Ou o quanto você teria de estar bem consigo mesmo e com a vida, para não desejar nada além dessa última, eterna confirmação e chancela?*

---

* Trad. de Paulo César de Souza. São Paulo: Companhia das Letras, 2001. (N. T.)

Pesado.

Para Nietzsche, essa proposta não tinha nada a ver com termodinâmica e tudo a ver com uma reflexão sobre o sentido, o propósito e a experiência da vida enquanto seres humanos. Ele provavelmente nunca imaginou que uma hipótese assim poderia ser *literal e fisicamente real*, como sugere a hipótese do Equilíbrio de De Sitter.

Pode-se dizer que essas situações não são exatamente iguais. A flutuação quântica que recria sua experiência de bater o dedão pode produzir algo exatamente idêntico a você em todos os detalhes, mas você, como entidade, já teria morrido muito antes. Mas isso suscita questionamentos sobre o que significa ser *você*. Você é sua configuração exata de átomos ou existe algo inefável e persistente em sua consciência que jamais poderia ser recriado de maneira integral? Essa é a mesma dúvida que provoca acalorados debates entre fãs de ficção científica sobre teletransporte e a possibilidade de que o capitão Kirk seja assassinado brutalmente toda vez que sobe na plataforma de teletransporte, sendo substituído por um impostor replicado que acredita falsamente ser o próprio Kirk. É pouco provável que encontremos a resposta para isso aqui.

Mas ela levanta outro problema para a hipótese do renascimento por flutuação quântica — um que tem a ver tanto com a questão do teletransporte quanto com o cachalote e o vaso de petúnias, tudo embrulhado em uma espécie de solipsismo mecânico quântico. É um problema chamado Cérebro de Boltzmann.

A ideia é que, se é possível a flutuação quanto-mecânica fazer brotar um universo inteiro do vácuo, é muito *mais* provável que isso aconteça com uma única galáxia, porque uma única galáxia é menos complicada e exige o aparecimento súbito de menos coisas. E, se é mais provável que apareça uma única galáxia, é mais provável que apareça um único sistema solar, ou um único planeta. Na verdade, muito mais provável ainda que isso tudo é brotar do vácuo um único cérebro humano que contenha todas as suas lembranças e esteja no processo de imaginar que está vivendo em um mundo perfeitamente funcional, acomodado em um café e digitando as palavras do quarto capítulo de um livro sobre o fim do cosmo.

O problema do Cérebro de Boltzmann é a percepção de que é tão imensamente mais provável isso acontecer com esse cérebro desafortunado, fadado a desaparecer de novo em uma flutuação quântica quase imediatamente após seu surgimento, do que com um universo inteiro. De forma que, se quisermos usar flutuações aleatórias para criar o nosso universo, precisamos aceitar que é bem mais provável que seja tudo imaginação nossa.

Essa questão ainda não está resolvida. Apesar de ter sido uma das primeiras pessoas a propor o problema do Cérebro de Boltzmann nesse contexto, Albrecht agora está tendendo para o lado de que é mais provável um universo de De Sitter criar um estado de entropia muito baixa como o Big Bang do que algo pequeno que esteja prestes a ser reabsorvido. O argumento básico é que a criação de um estado de baixa entropia pode até parecer exigir muita energia de flutuação quântica, mas na verdade só elimina um pouco da entropia total do sistema. Muitos cosmólogos adotam a perspectiva contrária e dizem que é mais fácil flutuar para um estado de entropia ainda relativamente alta do que criar um bolsão de entropia muito, muito baixa. Se conseguíssemos resolver essa questão, poderíamos estabelecer um cenário para a origem de todo o cosmo, além de obter alguma paz de espírito em relação ao possível destino de repetição infinita dos nossos momentos mais constrangedores para todo o sempre.

E, para alguns cosmólogos, entender como nós começamos com um estado de baixa entropia no universo primordial e estabelecer de uma vez por todas se precisamos nos preocupar com Cérebros de Boltzmann ou recorrências de Poincaré são questionamentos que abalam as bases de nosso modelo cosmológico. Os esforços para conceber um jeito de criar um estado inicial de baixa entropia levaram alguns a formular hipóteses para histórias cósmicas completamente novas (como veremos no capítulo 7), embora essa questão esteja longe de se resolver. E a possibilidade das flutuações é algo tão perturbador para nossa imagem de um cosmo sensato que foi descrita por Sean Carroll como "cognitivamente instável". Não é que não possa ser verdade, mas, se for, então nada faz sentido e podemos desistir de vez de tentar entender o universo. Essa ainda está *sub judice*.

Se, para você, a possibilidade de cérebros conscientes flutuantes brotando e sumindo no nada não é perturbadora demais, talvez a possibilidade de flutuações aleatórias raras consiga, de certa forma, extrair um pouco de ordem da confusão niilista da morte térmica. Mas, mesmo por essa perspectiva mais otimista, um universo dominado por uma constante cosmológica sem dúvida prenuncia o apocalipse para qualquer ser vivo, pois toda e qualquer estrutura coerente está fadada ao vazio e à degradação escura e solitária. Antes da descoberta da energia escura, físicos como Freeman Dyson conceberam propostas especulativas de que uma máquina cujas computações desacelerassem constantemente poderia persistir por um período arbitrariamente longo no futuro cósmico.* Mas até essa máquina ideal estaria sujeita à erosão

---

* Talvez você reconheça o nome de Dyson da ficção científica, pelo conceito de "esfera de Dyson" — uma esfera de tamanho colossal construída em volta de uma estrela para capturar 100% da radiação que ela emite com o propósito

entrópica pela Segunda Lei e acabaria se desintegrando em forma de calor diante do horizonte de De Sitter. O cronograma para se atingir a entropia máxima — a verdadeira e atemporal morte térmica — depende de estimativas para o decaimento do próton, que ainda não estão bem definidas. No entanto, provavelmente ainda faltam uns bons 10^{1000} anos até nós e todas as demais estruturas pensantes nos dissiparmos de qualquer possibilidade de memória.

Poderia ser pior.

No que tange à energia escura, uma bela constante cosmológica estável e previsível é uma espécie de melhor das hipóteses. Existem outras possibilidades que ainda não foram descartadas, e uma delas, a energia escura fantasma, leva a algo mais dramático, mais imediato e, de certa forma, muito mais definitivo: o Big Rip [Grande Rasgo].

---

de abastecer uma civilização alienígena avançada. Esforços observacionais em busca de esferas de Dyson, que procuram pelos vastos sinais de calor que se espera que sejam produzidos no infravermelho, ainda não encontraram nada.

5. Big Rip

> *Não consigo parar de pensar nesse rio, não sei onde, cujas águas se movem com uma velocidade impressionante. E nas duas pessoas dentro da água, tentando se segurar uma na outra, se agarrando o máximo que podem, mas no fim não dá mais. A corrente é muito forte. Eles precisam se soltar, se separar. É assim que eu acho que acontece com a gente.*
> Kazuo Ishiguro, *Não me abandone jamais*[*]

Para um fenômeno cósmico que talvez seja o aspecto mais importante do universo, a energia escura é algo surpreendentemente difícil de estudar. Até onde sabemos, ela existe por todo o universo, de maneira completamente uniforme, entremeada no tecido do próprio espaço, e seu único efeito é esticar o espaço de forma tão gradual que não produz impacto detectável em qualquer escala menor que as imensas distâncias entre galáxias remotas. A vida dos físicos que pesquisam a matéria escura é muito mais fácil — apesar de ser tão invisível quanto a energia escura, a matéria escura

---

[*] Trad. de Beth Vieira. São Paulo: Companhia das Letras, 2016. (N. T.)

se revela muito bem ao formar grumos em praticamente todas as galáxias e aglomerados de galáxias que já vimos, dominando o campo gravitacional, curvando a luz e alterando os rumos da história cósmica desde os primeiros instantes. Já a energia escura, ela só... se expande.

Isso não nos impede completamente de estudá-la. Temos, em essência, duas abordagens para a energia escura: estudar a história da expansão do universo e a maneira como as galáxias e os aglomerados de galáxias cresceram com o passar do tempo. Mas, qualquer que seja o caminho, estamos tentando pinçar efeitos minúsculos usando sinais sutis e estatística.

Por mais que esse tipo de estudo seja desafiador, vale a pena o esforço, já que a energia escura é não apenas o componente dominante do cosmo, mas também um claro indicador de que há alguma nova física para além do que conhecemos hoje.

Isso e o fato de que, dependendo do que a energia escura for, ela pode levar à destruição violenta e inevitável do universo, muito antes do que todo mundo imaginava. Por que esperar o lento desvanecimento da morte térmica, se podemos ter um apocalipse de energia escura tão súbito e dramático quanto o nome Big Rip [Grande Rasgo] sugere? Essa não apenas seria uma destruição inescapável, com ou sem flutuação mecânica quântica, como poderia desintegrar a própria malha da realidade, obrigando qualquer criatura pensante do cosmo a observar, impotente, o desfazimento do universo à sua volta.

Essa possibilidade alarmante não tem nada de surreal. Na verdade, os dados cosmológicos mais completos à nossa disposição não só são incapazes de descartá-la como, a partir de certas perspectivas, até mostram uma ligeira preferência por ela. Então vale a pena dedicar um pouco de tempo para explorar o que exatamente ela faria conosco.

UMA INCONSTANTE COSMOLÓGICA

É comum supor que a energia escura é uma constante cosmológica que estica o espaço, acelerando a expansão cósmica ao infundir no universo uma inerente inclinação ao inchaço. Em grande escala, essa descrição é bastante boa. Mas em galáxias, sistemas solares ou nos arredores de qualquer matéria organizada, uma constante cosmológica não exerce efeito algum. Ela pode ser mais adequadamente pensada como uma força de isolamento — se duas galáxias já são distantes uma da outra, elas ficam mais distantes, e, com o tempo, galáxias, aglomerados ou grupos de galáxias vão ficando mais e mais solitários. Elas também demoram um pouco mais para se formar na presença de uma constante cosmológica. O que a constante cosmológica *não* consegue fazer é desintegrar algo que já tenha alguma forma de estrutura coerente. *Assim, o que a gravidade uniu a constante cosmológica não pode separar.*

O motivo para esse pequeno ato de misericórdia da constante cosmológica (que, verdade seja dita, ainda acabará destruindo o universo em algum momento) reside na palavra "constante". Se a energia escura é uma constante cosmológica, a característica que a define é que sua densidade em qualquer ponto do espaço é constante ao longo do tempo, mesmo com a expansão do espaço. A taxa de expansão não é constante, só a densidade do negócio, em qualquer volume de espaço. Isso faz algum sentido se cada parte do espaço automaticamente contiver uma quantidade determinada de energia escura, mas ainda é *superesquisito*, porque significa que, conforme o espaço fica maior, a quantidade de energia escura aumenta para manter a densidade constante. E também significa que, se traçarmos uma esfera de certo tamanho em qualquer lugar do universo e medirmos quanta energia escura tem ali dentro, e se fizermos isso de novo algum tempo depois, vamos obter sempre o mesmo valor, independentemente de quanto o universo fora dessa esfera tenha se expandido durante esse intervalo. Se sua esfera original contiver um aglomerado de galáxias e alguma quantidade de energia escura, daqui a 1 bilhão de anos a quantidade de energia escura nessa região vai continuar a mesma. Então, se antes não havia energia escura suficiente para bagunçar o aglomerado de galáxias, tampouco vai haver no futuro. O equilíbrio entre energia escura e matéria nessa esfera não sofre nenhuma alteração significativa apesar do aparente e inexorável esvaziamento do cosmo.

Isso é reconfortante. Digamos que você seja um punhado de matéria no universo: se um dia bater a vontade de formar uma galáxia estável unida pela gravidade, pode ter certeza de que, assim que você juntar uma quantidade suficiente de matéria para construir alguma coisa, a energia escura não vai estragar todo o seu esforço.

Quer dizer, a menos que a energia escura seja algo mais poderoso que uma constante cosmológica.

Como já falamos no capítulo anterior, uma constante cosmológica é só uma das possibilidades para a energia escura. A única certeza que temos sobre a energia escura é que ela faz o universo se expandir mais rápido. Ou, falando mais precisamente, ela exerce *pressão negativa*. Pressão negativa é um conceito esquisito, porque normalmente a gente pensa em pressão como algo que empurra para fora. Mas, pensando no universo pelo lado da relatividade geral de Einstein, pressão é só mais um tipo de energia, como massa ou radiação, e, portanto, exerce atração gravitacional. E, na relatividade geral, a atração gravitacional é só uma consequência da curvatura do espaço.

Lembra a imagem da bola de boliche na cama elástica como analogia para o efeito da matéria na curvatura do espaço? Se considerarmos a relatividade geral, a cama elástica afunda mais se a bola tiver mais massa, mas também se estiver quente ou se tiver pressão interna elevada. Então a pressão, como outras formas de energia, age de forma bem parecida com a massa. Pela perspectiva da gravidade, a pressão puxa. Quando calculamos o efeito gravitacional de uma concentração de gás, por exemplo, precisamos considerar não apenas a massa do gás, mas também a pressão, e os dois contribuem para o impacto gravitacional que o gás exerce em tudo à sua volta. Na verdade, a pressão contribui mais para a curvatura do espaço-tempo do que a massa.

E o que isso significa para algo com pressão *negativa*? Se a pressão de alguma substância esquisita pode ser negativa, então ela na prática pode *anular* a massa dessa substância, pelo menos no que diz respeito ao impacto que ela causa na curvatura do espaço-tempo. Se você expressa a pressão e a densidade da energia escura sob a forma de uma constante cosmológica, usando as devidas unidades, a pressão é exatamente o negativo da densidade.

Geralmente, quando falamos da relação entre a densidade e a pressão de uma substância, usamos um parâmetro chamado *equação de estado*, representado por um w — é a pressão dividida pela densidade de energia, em unidades em que essa comparação faça sentido. Nosso interesse aqui é na equação de estado da energia escura, que, com o tempo, será a equação de estado do universo inteiro, já que a energia escura se torna cada vez mais importante no universo em expansão, à medida que todo o resto se dilui. Se o valor mensurado de w for exatamente igual a -1, isso significa que a pressão e a densidade são exatos opostos e que a energia escura é uma constante cosmológica. Como a densidade da energia em uma constante cosmológica é sempre positiva, à primeira vista parece que ela deveria agir da mesma forma que a matéria e reforçar a gravidade que refreia a expansão do universo. Mas, como a pressão negativa recebe um peso maior nas equações, tudo que uma constante cosmológica acaba por fazer é contribuir para a aceleração da expansão cósmica.

Pelo menos ela faz isso de um jeito previsível. Uma constante cosmológica, com w = -1, tem uma densidade de energia total exatamente constante ao longo do tempo, à medida que o universo se expande, sem aumentar nem diminuir. Para uma energia escura com qualquer outro valor de w, é diferente. Então é importante descobrir o que é que estamos vendo aqui.

Nos anos que se seguiram à descoberta da energia escura, ficou claro que *alguma coisa* estava acelerando a expansão do universo e que, portanto, devia existir algo com pressão negativa. Acontece que qualquer coisa que tenha um valor de w menor que -1/3 resulta tanto em pressão negativa quanto em expansão acelerada. Mas, se soubermos o valor de w, poderemos determinar se a energia escura é uma constante cosmológica verdadeira (w = -1 sempre) ou se é uma espécie de energia escura dinâmica cuja influência no universo pode mudar ao longo do tempo. Então os astrônomos começaram a procurar um jeito de calcular exatamente o valor de w. Se acontecesse de a energia escura não ser uma constante cosmológica, isso seria um indicativo não apenas de que descobrimos uma nova forma de física em ação no universo, mas de que essa física tem o bônus de ser algo que nem Einstein tinha previsto.[*]

Durante alguns anos, o jogo era este: mensurar w, descobrir qual era a história da energia escura. Medidas foram tomadas, artigos foram escritos, gráficos foram traçados em que valores de w batiam com os dados. Parecia que o argumento a favor da constante cosmológica ia ganhar.

---

[*] *Algum* erro ele deve ter cometido.

Mas, no final dos anos 1990 e começo dos anos 2000, um pequeno grupo de cosmólogos chamou atenção para uma premissa importante que os colegas tinham incluído nos cálculos sem maiores discussões. Era uma premissa perfeitamente razoável, porque ignorá-la violaria alguns princípios antigos tão fundamentais da física teórica que ninguém queria criar caso. Mas esses princípios não eram necessários para os dados, e, em última análise, nós, como cientistas, devemos lealdade aos dados acima de tudo. Mesmo se para isso tivermos que reescrever o destino do universo.

CAINDO PELA BEIRADA DO MAPA

A pergunta simples que o físico Robert Caldwell e seus colegas fizeram foi: e se w for menor que -1? Digamos, -1,5? Ou -2? Até então, essa possibilidade geralmente parecia absurda demais para merecer consideração. Os gráficos nos artigos indicavam que a região "permitida" para w com base nos dados tendia a acabar abruptamente em -1. O eixo podia ir de -1 a 0, ou de -1 a 0,5, mas -1 era uma barreira intransponível, da mesma forma como poderíamos pensar em 0 como barreira ao tentar adivinhar a altura de uma pessoa.

Mas, quando Caldwell examinou o problema, todas as observações de w apontavam para um valor de -1 ou algo muito próximo. O que sugeria que talvez os dados também permitissem valores abaixo de -1, se alguém resolvesse procurar. Caldwell chamou essa energia escura hipotética com w menor que -1 de "energia escura fantasma", e ela divergiria profundamente dos Princípios Teóricos Importantes — especificamente, a "condição de energia dominante", que afirma, *grosso modo*, que a energia não pode se

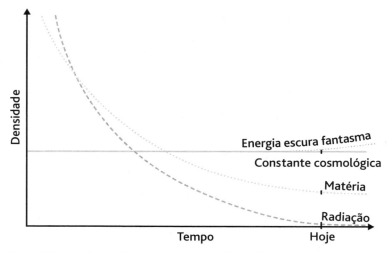

Figura 14: A evolução da energia escura na forma de constante cosmológica ou na forma de energia escura fantasma, em comparação com a matéria e a radiação. *Enquanto uma constante cosmológica mantém uma mesma densidade conforme o universo se expande, na energia escura fantasma a densidade aumenta.*

deslocar a uma velocidade maior que a da luz.* Essa condição parece totalmente razoável de se aplicar no universo, mas apresenta uma diferença sutil em relação à afirmação comum de que a luz (ou qualquer tipo de matéria) possui uma velocidade máxima insuperável, e, no momento, está mais para uma Ideia Muito Boa do que para um princípio físico comprovado. Talvez seja flexível?

Caldwell e seus colegas então calcularam limites com base em uma ampla gama de possibilidades para w. E eles não apenas

---

* Em 1999, ao explicar a escolha do termo "fantasma" no primeiro artigo para abordar essa ideia, Caldwell escreveu: "Um fantasma é algo que é perceptível pela visão ou outros sentidos, mas não possui existência corpórea — uma analogia adequada para uma forma de energia descrita necessariamente por uma física não convencional".

constataram que valores menores que -1 eram perfeitamente aceitos pelos dados, como também, a partir de um cálculo simples e sem grandes dificuldades, verificaram que, mesmo que w fosse infinitesimalmente menor que -1, a energia escura despedaçaria o universo inteiro, e isso transcorreria em um período finito e calculável.

Quero parar aqui um instante para dizer que esse artigo, intitulado "Phantom Energy: Dark Energy with w ‹ -1 Causes a Cosmic Doomsday" [Energia fantasma: Energia escura com w ‹ -1 causa apocalipse cósmico], é um dos meus artigos preferidos de todos os tempos na física. Não é sempre que a gente consegue fazer uma alteração aparentemente branda na perspectiva corrente, com uma mudança minúscula em um parâmetro, e descobre que isso DESTRÓI O UNIVERSO TODO. E, ainda por cima, essa alteração proporciona uma forma de calcular *como* exatamente o universo será destruído, e quando, e qual vai ser o aspecto dele na hora que acontecer.

E vai ser como a seguir.

O BIG RIP

Podemos pensar nele como um desdobramento.

As primeiras a rodar são as maiores formações, unidas pelas forças mais tênues. Aglomerados gigantescos de galáxias, em que grupos de centenas ou milhares de galáxias flutuam placidamente entre si em trajetórias longas e entrecruzadas, começam a percorrer trajetórias cada vez mais longas. As distâncias amplas percorridas pelas galáxias ao longo de milhões ou bilhões de anos ficam ainda mais amplas, fazendo com que as galáxias na periferia se dispersem pouco a pouco no vazio cósmico crescente. Não demora para que até os aglomerados de galáxias mais densos se dissipem inexoravelmente, à medida que as galáxias que os integram deixem de sentir qualquer força central de atração.

Vendo da nossa galáxia, o desaparecimento dos aglomerados deve ser o primeiro sinal agourento de que está ocorrendo o Big Rip. Mas, por causa da velocidade da luz, quando essa pista nos alcançar já estaremos sentindo os efeitos muito mais próximos. Quando nosso aglomerado local, Virgem, começar a se dissipar, seu distanciamento, antes lânguido em relação à Via Láctea, começará a acelerar. Mas esse efeito é sutil. O efeito seguinte, não.

Já temos levantamentos astronômicos de céu inteiro capazes de medir a posição e o deslocamento de bilhões de estrelas em nossa galáxia.* Conforme o Big Rip se aproxima, começamos a perceber que as estrelas nas bordas da galáxia, em vez de percorrerem a órbita prevista, estão se dispersando feito convidados em fim de festa. Pouco depois, nosso céu noturno começa a escurecer, à medida que a grande mancha da Via Láctea se apaga. A galáxia está evaporando.

A partir desse momento, a destruição se acelera. Começamos a perceber que a órbita dos planetas não é mais a mesma, que está se alargando mais e mais. Faltando alguns meses para o fim, quando já tivermos perdido os planetas externos para a vasta e crescente escuridão, a Terra se afasta do Sol e a Lua da Terra. Nós também adentramos a escuridão, sozinhos.

A calma dessa nova solidão não dura.

A essa altura, qualquer estrutura ainda intacta está sofrendo a pressão do espaço em expansão dentro de si. A atmosfera ter-

---

* O mais recente, Gaia, está produzindo mapas maravilhosamente detalhados das estrelas na nossa galáxia e já nos proporciona vislumbres incríveis da nossa história cósmica. Resta saber o que ele nos dirá sobre nosso destino.

restre se dissipa, de cima para baixo. Os movimentos tectônicos na crosta terrestre reagem de forma caótica à mudança das forças gravitacionais. Nas últimas horas, a Terra não consegue mais aguentar e explode.

Em tese, até é possível sobreviver à destruição da Terra, se tivermos interpretado os sinais e fugido em alguma cápsula espacial compacta.* Mas esse refúgio não dura muito. Em pouco tempo, as forças eletromagnéticas que prendem nossos átomos e moléculas não conseguem resistir à expansão contínua do espaço que há dentro de toda matéria. Na última fração de segundo, as moléculas se racham e qualquer criatura pensante que ainda esteja segurando as pontas é destruída, desintegrada por dentro, átomo por átomo.

Para além desse ponto, é impossível continuar observando a destruição, mas ela não para. As próximas vítimas são os próprios núcleos, a matéria ultradensa no centro dos átomos. O núcleo absurdamente denso dos buracos negros se destroça. E, no último instante, a malha do próprio espaço se desfaz.

Infelizmente, talvez nunca sejamos capazes de afirmar com certeza que não existe o risco de um Big Rip. O problema é que a diferença entre um universo fadado à morte térmica e um destinado a um Big Rip talvez seja literalmente incomensurável. Se a energia escura for uma constante cosmológica, o parâmetro w da equação de estado é exatamente igual a -1, e ficamos com uma morte térmica. Se w for menor que -1, mesmo que por uma fração minúscula, a energia escura é energia escura fantasma, capaz de

---

* Quando o perigo é o próprio espaço, é melhor ficar em uma estrutura com o mínimo possível de espaço.

retalhar o universo. Como é impossível mensurar qualquer coisa com precisão absoluta e afastar totalmente qualquer incerteza, o máximo que podemos dizer é que, se acontecer um Big Rip, vai ser tão longe no futuro que, quando ele vier, toda estrutura existente no cosmo já terá se decomposto. Porque, mesmo com a energia escura fantasma, quanto mais w se aproxima de -1, mais distante no futuro é o Big Rip. Da última vez que calculei o mínimo de tempo necessário para a ocorrência de um Big Rip, com base em dados de 2018 fornecidos pelo satélite Planck, cheguei a um resultado de cerca de 200 bilhões de anos.

Ufa.

Mas, considerando as possíveis consequências, tanto para o universo quanto para a estrutura da própria física, a comunidade de astrônomos acredita que é bem importante descobrir em que

Daqui a:	Acontecimento
≥ 188 bilhões de anos	Big Rip
Tempo antes do Big Rip:	
2 bilhões de anos	Eliminação dos aglomerados de galáxias
140 milhões de anos	Destruição da Via Láctea
7 meses	Desconstrução do Sistema Solar
1 hora	Explosão da Terra
10^{-19} segundos	Desintegração dos átomos

Figura 15: Cronologia do Big Rip (com base na estimativa atual do pior cenário para w), adaptada a partir de Caldwell, Kamionkowski e Weinberg (2003). *O tempo até o Big Rip é de pelo menos cerca de 188 bilhões de anos. A tabela indica outros momentos de destruição e aproximadamente quanto tempo antes do Big Rip eles aconteceriam.*

ponto exatamente estamos na escala entre w = -1 e o Apocalipse Cósmico.* Não podemos mensurar w diretamente, mas podemos calculá-lo de forma indireta se medirmos a taxa de expansão do universo no passado e a compararmos com nossos melhores modelos teóricos para o que tipos distintos de energia escura fariam. Falamos por alto sobre isso no capítulo anterior, mas estimar a taxa de expansão do passado é muito mais difícil do que se poderia imaginar. Em princípio, podemos chegar a w por diversos caminhos, e alguns podem ser usados de forma sutil sem a necessidade de calcular a taxa de expansão a distâncias específicas. Mas a forma mais direta de ter uma noção da energia escura é entender toda a história da nossa expansão. E acontece que toda a esquisitice da cosmologia desmorona se tentamos fazer algo tão simples como responder à pergunta: "A que distância de nós se encontra aquela galáxia?".

UMA ESCADA ATÉ O CÉU

Para realizar uma comparação útil entre taxas de expansão local do espaço em dois pontos distantes no universo, é preciso antes saber exatamente *qual* a distância entre esses dois pontos. Isso não é nada de mais quando falamos de algo na Terra, ou até mesmo de algo tão próximo como a Lua, já que podemos medir a distância até lá disparando um raio laser e vendo quanto tempo

---

* Se você perguntar aos meus colegas, eles dirão que o que os inspira é a vontade de compreender a natureza da energia escura, por causa do que ela nos revela sobre a física fundamental e o nosso modelo cosmológico. Mas *eu* sei que o verdadeiro motivo é o terror.

a luz leva para bater e voltar.* Nessa escala, o universo é bastante razoável. Ele age basicamente como um espaço imutável em que a distância entre A e B pode ser medida sem grandes problemas e faz sentido e tudo funciona. Quando falamos de objetos fora do Sistema Solar, a situação complica, tanto porque coisas mais distantes são mais difíceis de medir como porque, à medida que a escala aumenta, a expansão começa a mudar a própria definição de distância.

Com o passar dos anos, os astrônomos remendaram um conjunto de definições e medições de distância que se sobrepõem e fundamentam umas às outras. Por mais improvisado que por vezes possa parecer, ele é resultado de décadas de inovações em astronomia observacional e análise de dados, o que nos proporcionou uma estratégia intuitiva chamada *escala de distância*, mas que é tão difícil de implementar que chega a ser frustrante.

Digamos que você precise medir o comprimento de um cômodo grande e só disponha de uma régua normal. Você poderia deslizar a régua pelo chão até percorrer o cômodo inteiro, se não se incomodar de ficar rastejando. Ou poderia usar uma opção um pouco mais criativa, medindo o comprimento do seu passo e, em seguida, atravessar o cômodo e contar. Se você escolher o método dos passos, vai criar uma escala de distância: um sistema de medição de uma distância grande calibrado com base na medição de algo mais viável.

---

* É verdade, nós fazemos isso. O nome é medição a laser, e isso só é POSSÍVEL porque os astronautas do programa Apollo deixaram um espelho lá. Essa é uma ferramenta útil para verificar a distância até a Lua (curiosidade: ela está se afastando da Terra a um ritmo de quase quatro centímetros por ano), mas também para testar a ação da gravidade, observando a órbita com muito, muito cuidado.

Na astronomia, a escala de distância tem uma série de marcos que permitem estendê-la até objetos situados a bilhões de anos-luz da Terra. Dentro do Sistema Solar, medições diretas com laser, escalonamentos orbitais e até eclipses nos ajudam a coletar dados sobre distâncias. Para além disso, a etapa seguinte é usar a paralaxe. Esse é um método que leva em consideração o fato de que, quando mudamos o ponto de observação, objetos próximos parecem mudar mais de posição em relação a um fundo fixo do que objetos distantes. Se levantarmos o dedo na frente do rosto e olharmos com uma das vistas, o efeito é o mesmo: parece que o dedo muda de lugar sempre que alternamos entre o olho direito e o esquerdo. Se olharmos para uma estrela próxima em junho e, depois, em dezembro, o fato de a Terra estar em outro ponto da órbita ao redor do Sol significa que vai parecer que a estrela se mexeu ligeiramente em relação a objetos mais distantes atrás dela. Quanto mais próxima ela estiver de nós, maior será a variação. Infelizmente, para qualquer coisa fora da nossa galáxia, esse deslocamento aparente é pequeno demais para ser perceptível, então precisamos de outro método — algum jeito de determinar a distância de objetos brilhantes só a partir das propriedades da luz que eles emitem.

O segredo para tudo a partir daí é o conceito da vela-padrão, que abordamos rapidamente no capítulo anterior. Trata-se de um tipo de objeto (como uma estrela) que tenha algum atributo físico que nos informe o seu brilho intrínseco. Então, vendo o tanto que esse objeto aparenta *brilhar*, podemos determinar quão longe ele fica. Mais ou menos como se fosse uma lâmpada com um carimbo de "60 watts". Sabemos o brilho que ela deveria ter, mas receberemos menos luz se ela estiver longe.

É claro que nada no espaço vem estampado com seu nível de brilho intrínseco. Mas temos algo quase tão bom quanto. A grande descoberta que nos permitiu usar velas-padrão foi feita pela astrônoma Henrietta Swan Leavitt, no início do século XX.* Quando trabalhava no Observatório de Harvard, ela descobriu que um tipo de estrela conhecida como "variável cefeida" aumentava e diminuía de brilho de forma previsível. Uma cefeida intrinsecamente mais brilhante apresenta pulsações lentas e graduais, alternando-se entre um pouco mais brilhante e um pouco menos ao longo de um período extenso. Uma cefeida intrinsecamente menos brilhante pulsa a um ritmo mais rápido, com grandes variações entre os estados de maior e menor brilho.**

Essa descoberta foi revolucionária, e talvez tenha sido uma das mais importantes da história da astronomia, pois finalmente nos permitiu mensurar a escala do universo à nossa volta. Onde quer que houvesse uma cefeida, tornou-se possível obter uma distância confiável e começar a traçar um mapa útil. Ao medir a velocidade da pulsação de uma cefeida e a intensidade do seu brilho visto da Terra, Leavitt pôde determinar com enorme precisão qual era a verdadeira intensidade do brilho e, portanto, a que distância a estrela estava.

E até onde isso nos leva? Podemos observar variáveis cefeidas por toda a Via Láctea e em galáxias próximas. Então, podemos usar a paralaxe para determinar a distância das mais próximas,

---

* Na época, ela não era chamada de astrônoma; fazia parte de um grupo de mulheres chamadas "calculadoras", que eram contratadas como mão de obra barata para examinar chapas astronômicas e acabaram fazendo uma quantidade enorme de cálculos fundamentais para a astrofísica. Edwin Hubble, que usou a descoberta de Leavitt para mensurar o tamanho e a expansão do universo, disse mais tarde que ela merecia um Prêmio Nobel. Infelizmente, embora fosse conhecida e respeitada pelos colegas mais próximos, ela passou quase a vida inteira sem receber o devido reconhecimento.

** Gosto de visualizar as cefeidas mais brilhantes como são-bernardos gigantescos e preguiçosos, e as menos brilhantes como chihuahuas saltitantes e agitados.

Figura 16: Escala de distância cósmica. *Para objetos dentro do Sistema Solar, podemos usar laser ou radar (além da razão entre períodos orbitais e distâncias) para calcular distâncias. Até estrelas próximas, a distância pode ser mensurada com paralaxe, e estrelas variáveis cefeidas podem nos ajudar a aferir distâncias dentro da Via Láctea e até de algumas galáxias próximas. Para fontes mais distantes, podemos usar supernovas tipo Ia.*

calibrar cuidadosamente essa relação com as pulsações e, a partir daí, usar as mais distantes para determinar a distância até outras galáxias.

O marco seguinte na escala de distância é crucial, mas é também onde a situação fica bem complicada, em todos os sentidos. No capítulo anterior, comentamos que é possível usar determinado tipo de supernova para mensurar distâncias. Esse tipo de explosão, uma supernova tipo Ia, é o que acontece quando uma estrela anã branca absorve massa de outra estrela, igualmente azarada, e se arrebenta de maneira espetacular. Como todas as anãs brancas são objetos relativamente simples,* e como a explosão obedece às leis da física que acreditamos conhecer razoavelmente bem, durante um período as supernovas tipo Ia foram consideradas boas velas-padrão — todas as explosões eram bastante parecidas. Mas, com o tempo, descobriu-se que seria melhor chamá-las de *padronizadoras*, no mesmo sentido das variáveis cefeidas. Se

---

* Simples entre as estrelas, pelo menos.

é possível medir como ocorrem os picos da explosão e como ela enfraquece, é possível ter uma boa ideia da quantidade total de energia emitida e, portanto, do seu brilho intrínseco.

BRILHA, BRILHA, ESTRELINHA TERMONUCLEAR

Mas este livro é sobre destruição, e seria negligente da minha parte reduzir supernovas tipo Ia a apenas "um tipo de explosão estelar". Anãs brancas, o tipo de estrela que o nosso Sol está fadado a se tornar em algum momento, já são por si só uma maravilha do processo evolutivo estelar. E, quando uma explode, é com uma detonação termonuclear imensa que ilumina a galáxia inteira em que ela está.

Se você é uma estrela, qualquer que seja o seu tipo ou o estágio em que está no seu ciclo de vida, sua existência depende de um equilíbrio delicado entre a pressão produzida no seu núcleo e a gravidade do material que compõe seu corpo. (Chamamos isso de "equilíbrio hidrostático", mas em essência a ideia é que, para uma estrela não explodir nem implodir, a pressão para fora tem que ser igual à pressão para dentro.) Na maior parte do tempo, estrelas criam pressão de expansão através de reações de fusão no núcleo — comprimindo núcleos atômicos com tanta força que eles se fundem e viram um átomo mais pesado. Para todos os elementos mais leves, essa fusão produz radiação, e é essa radiação que impede a estrela de colapsar.

Para uma estrela como o Sol, a pressão para fora é produzida pela transformação de hidrogênio em hélio. Na verdade, as estrelas são, em sua maioria, fábricas gigantescas de hélio, que pegam os átomos de hidrogênio que existem em abundância no universo e os juntam bilhões de vezes por segundo.

Tomemos o Sol como exemplo, por motivos sentimentais.

No momento atual, o Sol está queimando hidrogênio tranquilamente, criando um excesso de hélio no núcleo e fazendo a temperatura e a pressão mudarem com o passar do tempo, conforme o equilíbrio entre hidrogênio e hélio se altera. Como a eficiência dessa fábrica depende tanto da temperatura quanto da pressão, a emissão de energia e o tamanho do Sol vão mudar ao longo do tempo — o detalhe mais visível será que o Sol vai ficar um pouco mais radiante e um pouco maior* nos próximos milhões de anos.

Em algum momento daqui a cerca de 1 bilhão de anos, chegamos na parte em que todo mundo vai ser torrado. Mas, mesmo depois de a Terra começar a se transformar em um pedregulho queimado e sem vida, ainda vai faltar bastante tempo para o Sol. Enquanto esse calor crescente incinera os planetas internos (Mercúrio e Vênus) e evapora os oceanos da Terra, tanto hidrogênio já vai ter se queimado que só restará uma casca de hidrogênio ardendo em volta do núcleo cheio de hélio. O núcleo então fica quente o bastante para começar a fundir hélio e formar oxigênio e carbono, fazendo o Sol inchar e se transformar em uma gigante vermelha. Quando acabar o hidrogênio, alguns bilhões de anos depois de o Sol entrar nessa fase, aí sim vão começar seus estertores de morte. O núcleo vai começar a se encher de oxigênio, depois de carbono, com a produção acelerada pela compressão do núcleo em função da gravidade do resto da estrela. Porém, no fim, quando o Sol já tiver inchado a ponto de engolir a órbita de Vênus, e tiver transformado a Terra em uma carcaça fumegante, a

---

* Com base nas previsões atuais, o raio do Sol já está aumentando em cerca de dois centímetros por ano. Mas, ao mesmo tempo, a órbita da Terra está se alargando, de modo que estamos nos afastando do Sol ao ritmo de cerca de quinze centímetros por ano, então a superfície do Sol não está se aproximando de nós.

gravidade solar não bastará para sustentar a temperatura necessária para manter o processo de fusão. A atmosfera exterior da estrela se desprenderá, e o núcleo começará a se contrair.

Você talvez imagine que esse seja o fim do Sol — exaurido, transformado, devorador de planetas, desprovido de reações de fusão com força suficiente para manter-se de pé. Felizmente, existe um tipo de pressão ainda mais forte que a provida por reações de fusão, capaz de evitar que o Sol pós-gigante-vermelha e outras estrelas semelhantes implodam completamente e permitindo que vivam seu período de convalescência como anãs brancas. E essa pressão é algo que vem diretamente da mecânica quântica.

AMONTOADO QUÂNTICO

Antes de mais nada, você precisa saber que, em sua maioria, nossas queridas partículas subatômicas — elétrons, prótons, nêutrons, neutrinos, quarks — são férmions, o que, neste contexto, significa que têm uma independência feroz, no sentido da física de partículas. Falando especificamente, elas obedecem ao *princípio de exclusão de Pauli*, que diz que não podem estar no mesmo lugar e no mesmo estado de energia ao mesmo tempo. É por isso que, se você se lembra das aulas de química no ensino médio, os elétrons ligados a átomos seguem "órbitas" diferentes, que na verdade são só estados de energia.

Enfim, no núcleo de uma estrela exaurida e encolhida, a quantidade de átomos é tão grande, e eles estão tão comprimidos, que os elétrons começam a ficar inquietos. Quando submetidos a esse nível de pressão, os elétrons não se ligam a átomos específicos e ficam aglomerados em uma enorme confusão atômica, tão apinhados que precisam pular para estados de energia cada vez mais altos só para não ficarem todos no mesmo estado. Isso produz um tipo de pressão, chamada *pressão de degenerescência dos elétrons*, forte o bastante para conter a implosão da estrela e criar um objeto totalmente novo: uma anã branca.

Uma anã branca é um tipo de estrela que não queima. Ela não produz fusão. É um objeto sólido sustentado exclusivamente pelo princípio da mecânica quântica segundo o qual os elétrons não vão muito com a cara uns dos outros. E ela pode persistir, feito um braseiro silencioso, por bilhões e bilhões de anos, enquanto se apaga, resfria e escurece, e se desintegra na morte térmica do universo, se inflama no Big Crunch ou é destroçada pela energia escura fantasma do Big Rip junto com o restante do universo.

A menos que ela obtenha só um pouquinho mais de massa.

A pressão de degenerescência dos elétrons é capaz de muita coisa, até de sustentar uma ESTRELA INTEIRA. Mas só até certo ponto. Se acontecer algo que leve a anã branca para além desse ponto — se ela absorver matéria de uma estrela companheira ou colidir com outra anã branca —, ela terá massa demais para que a pressão de degenerescência resista a contrações adicionais. E, quando esse equilíbrio se desfaz, ocorre uma rápida sucessão de acontecimentos.

A temperatura do núcleo da estrela aumenta. O carbono começa a queimar. O material na estrela começa a se agitar, arrastando mais material para dentro e para fora das chamas centrais. Uma deflagração se alastra pela estrela, criando uma explosão termonuclear tão potente que arrebata o astro de forma espetacular e absoluta.

A explosão de uma anã branca é tão luminosa que, por um período curto, pode superar o brilho da galáxia inteira e é visível para observadores com telescópios a bilhões de anos-luz de distância. Houve casos de supernovas em pontos remotos da Via

Láctea ou em galáxias próximas que foram vistas a olho nu, em tempos antigos, *durante o dia*.*

Para certa frustração da comunidade astronômica, exceto por esse retrato em linhas gerais, ainda não se sabe como *exatamente* acontecem supernovas tipo Ia. Ainda se discute se elas ocorrem sobretudo pela absorção de matéria de outras estrelas próximas ou pela colisão entre duas anãs brancas. E a explosão que arrebenta a estrela também é extremamente difícil de ser simulada em computador. A maioria das simulações produz imagens incríveis e impressionantes de material borbulhando e se revolvendo na estrela, mas não chega à parte da explosão. Os astrônomos, porém, estão trabalhando nisso. (O problema é que estrelas são complicadas. Especialmente quando tanto a mecânica quântica quanto explosões nucleares são importantes.)

O que nos leva a crer que podemos descobrir algo útil a partir de observações de supernovas tipo Ia é a razoável suposição de que, de modo geral, as anãs brancas sempre têm a mesma massa quando explodem. Em 1930, um indiano chamado Subrahmanyan Chandrasekhar, um prodígio da física de 22 anos, estava viajando de navio rumo à Inglaterra para começar seus estudos em Cambridge quando aproveitou o tempo livre para revolucionar casualmente o campo da evolução estelar. Ao aprimorar os cálculos já existentes e acrescentar efeitos importantes da relatividade, ele descobriu um limite máximo para a massa de qualquer estrela sustentada pela pressão de degenerescência dos elétrons. Esse limite, cerca de 1,4 vez a massa do Sol, acabou ficando devida-

---

* A supernova 1006, vista entre 30 de abril e 1º de maio de 1006, provavelmente foi uma supernova tipo Ia causada pela colisão de duas anãs brancas a cerca de 7 mil anos-luz de distância, na nossa própria galáxia. Seus resquícios, que em imagens astronômicas parecem muito uma bola de fumaça colorida, ainda são visíveis nos dias de hoje.

mente conhecido como Limite de Chandrasekhar. Qualquer anã branca que ganhe massa suficiente para ultrapassar esse limite imediatamente se torna fadada a explodir em uma supernova espetacular. E agora que sabemos que a física da explosão é sempre a mesma, sabemos qual é o brilho intrínseco de uma supernova tipo Ia e, portanto, podemos determinar sua distância.

Quando o navio de Chandrasekhar finalmente atracou, sua descoberta arrasou a comunidade científica como uma onda de choque de conhecimento, mudando para sempre nosso entendimento sobre esses maravilhosos, mas esquisitos, objetos estelares explosivos. (Mas nem todo mundo se convenceu. Aparentemente, o célebre astrônomo Sir Arthur Eddington,* cujo trabalho Chandrasekhar havia refinado, não ficou feliz de ser destronado pelo arrivista e infernizou a vida do jovem físico durante anos até finalmente ceder à sua superioridade e excelência calculacional.)

PIPOCA CÓSMICA

A ideia de que todas as anãs brancas explodem ao acumular massa suficiente para ultrapassar o Limite de Chandrasekhar enche os astrônomos de esperança de que seja possível usar es-

---

* Se o nome de Eddington parece familiar, talvez seja porque ele fez uma expedição em 1919 para observar um eclipse, que forneceu algumas das primeiras confirmações observacionais da teoria da relatividade geral de Einstein. A observação de estrelas cuja luz esbarrava no Sol em seu caminho até nós revelou que os raios de luz estavam sendo desviados pela distorção do espaço pelo Sol. (Esse é o tipo de observação que só dá para fazer durante um eclipse solar.) Uma manchete famosa na época declarou: "LUZES TORTAS NO FIRMAMENTO — HOMENS DE CIÊNCIA MAIS OU MENOS EM CHOQUE COM O RESULTADO DE OBSERVAÇÕES DO ECLIPSE". As mulheres de ciência, suponho, não se impressionaram.

sas estrelas como marcos de distância, com alguns ajustes para compensar ligeiras diferenças de circunstâncias estelares.

O grau exato de precisão com que podemos fazer isso ainda é motivo de debates incrivelmente intensos na comunidade astrofísica. O que é compreensível, considerando o que está em jogo. Supernovas tipo Ia são o padrão-ouro* das medições de distância em vastas extensões do cosmo. Foram elas que permitiram que astrônomos detectassem, no final dos anos 1990, a expansão acelerada do universo, e são elas que os astrônomos usam hoje como melhor instrumento para estudar a natureza da energia escura.

(Pode parecer estranho usar explosões estelares imensas como marcos de distância, pois, claro, não temos como prever onde ou quando exatamente vai acontecer alguma. Mas o índice de explosões estelares é tão alto — mais ou menos uma supernova por galáxia por século —, e existem tantas galáxias, que, se ficássemos todas as noites só fotografando montes de galáxias, provavelmente veríamos com bastante frequência um ponto que não estava ali na noite anterior, e a partir daí poderíamos realizar observações mais detalhadas.)

A precisão com que podemos usar supernovas para calibrar as distâncias de galáxias é impressionante, com acurácia que atinge o nível de 1%. Com isso, é possível calcular a taxa de expansão do universo pela determinação da distância das galáxias e da velocidade com que estão se afastando. Como foi visto no capítulo 3, falamos da taxa de expansão em termos da constante de

---

* Esse seria um excelente trocadilho se as supernovas tipo Ia tivessem boas chances de criar ouro. Embora elas sejam capazes de criar outros elementos durante a explosão (volumes impressionantes de níquel, por exemplo), as temperaturas e pressões envolvidas no processo são tão extremas que, provavelmente, o ouro deve ser mais comum em colisões de estrelas de nêutrons. Uma pena.

Hubble — o valor que associa distância e velocidade de recessão. No momento em que escrevo este livro, as medições com supernovas nos permitem determinar a constante de Hubble com uma acurácia de 2,4%.

O que é estranho, porque o número que obtemos diverge totalmente do valor desse mesmíssimo número quando chegamos a ele a partir da observação da radiação cósmica de fundo em micro-ondas.

CONFUSÃO EM EXPANSÃO

Durante os últimos anos, as medições da constante de Hubble a partir de supernovas nos forneceram o valor aproximado de 74 km/s/Mpc — ou seja, uma galáxia a um megaparsec de distância (mais ou menos 3,2 milhões de anos-luz) está se afastando de nós a cerca de 74 quilômetros por segundo. Uma galáxia que esteja duas vezes mais longe se afasta de nós aproximadamente duas vezes mais rápido. Mas também é possível medir a constante de Hubble de forma indireta, estudando cuidadosamente a geometria dos pontos quentes e frios da radiação cósmica de fundo em micro-ondas. Quando fazemos a medição dessa maneira, o valor que obtemos é mais próximo de 67 km/s/Mpc. Embora estejam analisando épocas distintas da história do cosmo, essas observações servem para nos informar a taxa de expansão atual. Em um universo feito do que acreditamos que ele seja feito, os dois métodos para determinar a constante de Hubble deveriam dar o mesmo resultado. E não dão.

Nem sempre isso foi considerado um *grande* problema, já que ninguém acreditava que essas duas medidas fossem incrivelmente precisas a ponto de encerrar a questão. Até pouco tempo atrás, o estado de coisas era tal que a turma da radiação cósmica de fundo em micro-ondas supunha haver um erro na estimativa da escala de distância que seria resolvido mais cedo ou mais tarde, e a turma das supernovas presumia que as medições da RCFM, que em última análise são resultado da tentativa de medir a forma do próprio espaço, eram tão complicadas que, com certeza, alguma coisa acabaria por demonstrar que o valor na verdade era só um pouquinho maior. Essa hipótese não é absurda, tendo em vista a quantidade de cálculos e conversões necessárias para partir de uma foto da infância do universo e convertê-la para a taxa de expansão atual. E, da mesma forma, a escala de distância realmente é de uma complexidade fantástica. Sem nem tocar em todos os vieses possíveis que podem aparecer de surpresa se não levarmos em conta todas as propriedades relevantes das próprias supernovas, não é fácil calibrar estrelas variáveis, e até as distâncias a galáxias relativamente próximas podem vir acompanhadas de enorme incerteza. Isso se deve, em parte, ao fato de que as variáveis cefeidas que podemos ver perto de nós são diferentes das que estão longe, e... bom, não para por aí. Digamos apenas que há *discussões*.

Embora ainda aconteça de um lado presumir que o outro fez alguma coisa errada, a situação está ficando cada vez mais incômoda, porque ambos os lados estão aprimorando seus métodos, eliminando todas as fontes conhecidas de vieses de medição e, mesmo assim, continuam a encontrar valores que não batem.

Não se sabe qual vai ser a solução para esse problema. Talvez seja mesmo uma questão de erros sistemáticos nos dados, ou algum problema nas próprias medições. Talvez seja só um acaso estatístico, por mais improvável que isso pareça à primeira vista. Algumas das explicações mais intrigantes têm a ver com uma energia escura que não é uma constante cosmológica típica, e sim algo mais ameaçador — algo que possa levar a um Big Rip. Existe uma hipótese que ajudaria a resolver a discrepância entre as duas medições: a energia escura se intensifica ao longo do tempo, como se esperaria que acontecesse na fase inicial de um cosmo dominado pela energia escura fantasma.

Provavelmente não precisamos entrar em pânico por enquanto. Como já vimos, os dados ainda não são claros. A maioria dos cálculos de w resulta em um valor que condiz perfeitamente com -1, e, embora seja verdade que valores menores que -1 às vezes são discretamente preferidos, essa preferência não chega a ser estatisticamente relevante. Quanto à divergência na constante de Hubble, mesmo se todas as medições estiverem corretas, existem explicações não apocalípticas perfeitamente razoáveis — relacionadas com modelos esquisitos de matéria escura ou com condições alteradas no universo primordial. Na verdade, nem um ajuste na energia escura bastaria para resolver completamente o problema, então não é nenhum absurdo supor que a solução talvez esteja em outro lugar. E, mesmo se *tiver* ocorrido uma mudança drástica nos efeitos da energia escura na história recente do cosmo, sugerindo algo semelhante à energia escura fantasma, ainda falta MUITO tempo para um possível Big Rip.

Na verdade, o único ponto em comum entre todas as hipóteses para o fim do universo que já abordamos é que, definitivamente, nenhuma delas vai acontecer tão cedo. Até onde sabemos, com base em nosso melhor entendimento da física, faltam pelo menos dezenas de bilhões de anos para a possibilidade mais extrema de reversão do Big Crunch ocorrer, e seriam necessários mais de 100 bilhões de anos para qualquer Big Rip. Uma morte térmica, que a maioria dos especialistas considera a opção mais provável, está tão distante nas profundezas cósmicas do futuro que mal temos palavras para descrevê-la.

Contudo, existe uma possibilidade definitivamente mais ameaçadora que as demais. Ela prevê um apocalipse ocasionado, em essência, por um defeito de fabricação do tecido do próprio cosmo. É plausível, bem descrita e fundamentada, segundo os resultados mais recentes dos experimentos mais precisos já realizados em física fundamental. E poderia acontecer literalmente a qualquer momento.

6. Decaimento do vácuo

> *Nenhuma das coisas com que a gente se preocupa jamais acontece. Acontece uma que a gente nunca pensou.*
> Connie Willis, O livro do juízo final*

Em março de 2008, um agente de segurança nuclear aposentado chamado Walter Wagner moveu uma ação contra o governo dos Estados Unidos para impedir que cientistas ativassem o Grande Colisor de Hádrons. Pela perspectiva de Wagner, tratava-se de uma tentativa desesperada de salvar o mundo. A ação, claro, estava fadada ao fracasso. Em primeiro lugar, o GCH é controlado pela Organização Europeia para a Pesquisa Nuclear (conhecida pelo acrônimo Cern, de seu nome em francês, Conseil Européen pour la Recherche Nucléaire), não pelo governo americano. E os receios científicos de Wagner, ainda que supostamente sinceros, não tinham fundamento. No fim das contas, as autoridades do Cern divulgaram alguns comunicados à imprensa para garantir a

---

* Trad. de Braulio Tavares. Rio de Janeiro: Suma, 2017. (N. T.)

segurança da tecnologia do colisor, e a construção e a operação do GCH prosseguiram.

Isso não impediu que algumas pessoas redobrassem o nível de pânico conforme se aproximava a data marcada para as primeiras colisões de partículas. O GCH seria o experimento de física de partículas mais potente de todos os tempos, colidindo prótons em quatro lugares ao longo de um tubo subterrâneo circular gigantesco, com 27 quilômetros de circunferência, super-resfriado e selado a vácuo. Essas colisões produziriam, dentro dos detectores, descargas momentâneas de energia tão poderosas que seriam capazes de reconstituir as condições do Big Bang Quente após o instante da criação por escassos nanossegundos. A esperança dos cientistas era que o GCH nos proporcionasse um vislumbre não apenas das condições do universo primordial, mas também da própria estrutura da matéria e da energia. Experimentos anteriores haviam demonstrado que as leis da física dependiam da energia — alterando como partículas e forças interagem em função das condições em que elas se encontram —, então a criação de colisões em energias cada vez mais altas permitiria aos cientistas sondar as fronteiras da nossa compreensão da física.

E havia um prêmio mais tentador ainda à vista. Décadas antes, os físicos haviam teorizado a existência de uma partícula nova — uma partícula tão crucial para o comportamento da matéria que seria a última peça necessária para completar o modelo padrão da física de partículas. O bóson de Higgs, caso fosse descoberto, confirmaria finalmente, por motivos que veremos em breve, a principal teoria que explica como partículas fundamentais foram capazes de adquirir massa no universo primordial. E talvez desse algumas pistas sobre a estrutura da lei física em regiões fora do nosso domínio de exploração atual.

Mas justamente essa perspectiva — a exploração dos recônditos desconhecidos da realidade — já bastou para incutir medo no coração dos espectadores. Ninguém jamais havia criado colisões nesse nível de energia. Ninguém sabia como as leis da física poderiam se alterar e reorganizar em um ambiente assim.

A internet foi tomada por especulações catastróficas. Talvez a máquina abrisse um portal para outra dimensão e destruísse a própria malha do espaço. Talvez criasse um buraco negro minúsculo, que cresceria e engoliria o planeta inteiro. Talvez criasse "matéria estranha" — uma espécie de material composto feito de quarks de sabor *up*, *down* e *strange*,* que, na opinião de algumas pessoas, poderia levar a uma reação em cadeia no estilo gelo-nove,** convertendo toda a matéria em que encostasse. Mas os físicos persistiram, aparentemente despreocupados. O GCH realizou as primeiras colisões de alta energia com prótons em novembro de 2009.

Como a vida na Terra não acabou, não vou estragar a surpresa de ninguém se falar que nenhum dos desastres existenciais previstos aconteceu. (Se você ainda estiver com medo, pode acessar um site com atualizações ao vivo, em <www.hasthelargehadroncollider-destroyedtheworldyet.com>.) Mas será que foi sorte nossa? Será que o experimento valia mesmo a pena, considerando os riscos em potencial?

---

* Os quarks existem em seis "sabores" diferentes, que têm suas próprias massas e cargas. São eles: *up*, *down*, *top*, *bottom*, *charm* e *strange* [cima, baixo, topo, base, charme e estranho]. Esses nomes foram inventados nos anos 1960.
** No livro *Cama de gato*, de Kurt Vonnegut, é criada uma nova forma de gelo, "gelo-nove", que é mais estável que a água em estado líquido. Na trama, qualquer gota d'água tocada por uma partícula de gelo-nove se transforma em gelo-nove, o que gera uma ameaça existencial para a vida e o mundo.

Os físicos nem sempre são pessoas cautelosas, mas a exploração de situações do tipo "e se" é meio que o nosso ganha-pão, e é difícil demais ignorar a chance de refletir a fundo sobre a verdadeira física por trás de possibilidades hipotéticas de destruição definitiva.* Com efeito, em 2000, quatro físicos (um dos quais receberia mais tarde um Prêmio Nobel) publicaram um artigo de dezesseis páginas no periódico *Reviews of Modern Physics* intitulado "Review of Speculative 'Disaster Scenarios' at RHIC" [Análise de "cenários de desastre" especulativos no RHIC]. RHIC é o acrônimo para Relativistic Heavy Ion Collider, ou Colisor Relativístico de Íons Pesados, um colisor do Brookhaven National Lab anterior ao GCH construído para fazer colidir núcleos de elementos pesados, como o ouro, a altas energias. Era um experimento pioneiro por si só, mas também inspirava receios de que pudesse haver consequências imprevistas capazes de ameaçar o planeta (ou o universo), e o artigo foi escrito para investigar essa questão plenamente e, se possível, dissipar tais boatos.

Os resultados foram animadores. O estudo revelou não apenas que a chance de produzir matéria estranha ou buracos negros era incrivelmente pequena com base apenas em questões teóricas, como também que esse resultado era confirmado por dados empíricos. Especificamente: a existência da Lua.

A ideia de que algum fenômeno esquisito gerado por colisores pode nos destruir gira em torno da noção de que as colisões em energias extremamente altas nesses aparelhos são tão inéditas que é impossível saber o que pode acontecer. Mas isso ignora um fato importante: embora a energia atingida pelo RHIC e pelo GCH possa ser novidade para nós, meros humanos, os raios cósmicos percorrem o universo a energias incrivelmente altas o

---

* Acredite, eu sei.

tempo todo e vivem colidindo entre si e com outros objetos. Nas palavras dos autores do artigo, "É evidente que os raios cósmicos vêm conduzindo 'experimentos' como o do RHIC pelo universo desde tempos imemoriais". Colisões sob energias muito maiores ocorrem pelo universo há bilhões de anos, então, se elas fossem capazes de destruir o cosmo, certamente já teríamos percebido.

"Espera aí", você poderia dizer. "E se as colisões de raios cósmicos no espaço sideral forem mesmo incrivelmente destrutivas, mas estiverem longe demais para nos afetar? E se existirem por todo o cosmo grumos de matéria estranha que nós apenas desconhecemos?" É uma dúvida válida. Embora, na maior parte das vezes, seja esperado que as partículas produzidas dentro de um colisor tenham embalo suficiente para deixar o laboratório em disparada no momento em que se formam, não seria inconcebível criarmos algo perigoso que pudesse de alguma forma repousar dentro do detector. E aí?

Felizmente, podemos usar a Lua como um indicador de perigo. Os dados que obtivemos a partir de detectores na Terra e de telescópios espaciais nos permitem saber que a Lua é atingida por raios cósmicos de alta energia *o tempo todo*. (Na verdade, com radiotelescópios, podemos até usar a Lua como um detector de neutrinos,[*] o que por si só já é sensacional.) Se colisões de partículas de alta energia fossem capazes de converter matéria comum em matéria estranha perto de nós, isso já teria acontecido na Lua há muito tempo, e teríamos um objeto MUITO diferente no nosso céu. Da mesma forma, o céu noturno sofreria uma transformação

---

[*] Isso se deve a um negócio chamado efeito Askaryan, em que um neutrino ultraenergizado atravessa o regolito lunar e produz uma emissão de ondas de rádio que talvez consigamos captar com radiotelescópios. Nossos radiotelescópios ainda não são sensíveis o bastante, mas provavelmente vamos identificar esses sinais com a próxima geração de instrumentos.

bastante perceptível se um buraco negro minúsculo se formasse na Lua e a engolisse. Isso para não mencionar o fato de que já *estivemos lá*, já andamos por ali, atiramos algumas bolas de golfe e trouxemos amostras. A Lua passa muito bem, obrigada. Portanto, afirmaram os autores, o RHIC não vai nos matar.

Contudo, matéria estranha e buracos negros não foram os únicos apocalipses refutados. Outra possibilidade, também descartada do testemunho do poderio superior dos raios cósmicos, é a noção de que uma colisão forte o bastante seria capaz de iniciar um evento quântico destruidor de universos conhecido como *decaimento do vácuo*. A ideia toda do decaimento do vácuo gira em torno da hipótese de que nosso universo possui uma espécie de instabilidade fatal intrínseca. Embora isso possa parecer assustador mesmo na condição de possibilidade remota, na época em que o RHIC foi encomendado não havia sinais concretos de que pudesse existir um defeito assim, então a hipótese não foi levada muito a sério.

Quando o GCH descobriu o bóson de Higgs, em 2012, tudo mudou.

O ESTADO DO UNIVERSO

Uma boa maneira de irritar um físico de partículas é chamar o bóson de Higgs pelo nome que o tornou famoso: *Partícula de Deus*. A rabugice da nossa comunidade em relação a esse apelido pomposo não é alimentada apenas pelo incômodo de misturar ciência e religião (embora, para muitos, isso seja um enorme motivo), mas também pelo fato de que "Partícula de Deus" é uma expressão terrivelmente imprecisa, além de um pouco presunçosa. Mas isso não significa que o bóson de Higgs não seja uma parte profundamente importante do modelo padrão da física de partículas. Pode-se dizer, inclusive, que ele é a peça que permite que todo o resto se encaixe. Mas, na verdade, é o *campo* de Higgs, não a partícula, que desempenha um papel crucial na física de partículas e na natureza do cosmo.

A versão abreviada dessa história é que o Higgs é uma espécie de campo de energia que permeia todo o espaço e interage com outras partículas de um jeito que lhes permite ter massa. O *bóson* de Higgs está para o campo de Higgs como o fóton, o portador da força eletromagnética (e da luz), está para o campo eletromagnético — é uma "excitação" localizada de algo que permeia um espaço maior. A versão longa da história tem a ver com a teoria eletrofraca, a teoria que une a força nuclear fraca com a eletricidade e o magnetismo, e com um processo chamado "quebra espontânea de simetria", que separa essas forças.

(Esta é a parte do livro em que eu gostaria muito de ensinar a você tudo sobre a teoria quântica de campo; depois de fazer um esforço heroico, porém, consegui me conter e só tratar de alguns aspectos essenciais. Acredite: se você resolver estudar a matemática por trás disso tudo, é MUITO mais legal.)

No capítulo 2, vimos que a física funciona de forma diferente em energias diferentes. O eletromagnetismo e a força nuclear fraca, por exemplo, atuam como fenômenos completamente distintos na escala de energia que vemos no nosso dia a dia, mas, no universo muito primitivo, com energias muito altas, eles eram aspectos de uma coisa só. O campo de Higgs foi crucial para essa transição; quando ele mudou, as leis da física também mudaram.

Essa é uma das grandes razões por que construímos colisores: para criar, em espaços minúsculos dentro de nossos detectores, o mesmo tipo de condição extrema que existia no início do universo e que pode nos proporcionar uma compreensão dos princípios subjacentes da física que determinam como *tudo* na física dialoga. A ideia básica é que deve haver alguma teoria matemática abrangente que sirva de modelo para as interações de partículas em toda e qualquer condição possível, e, ao produzirmos interações sob energias cada vez maiores, conseguimos obter uma imagem cada vez mais clara de como é essa estrutura maior.

Como analogia, pense na água. No nível mais fundamental, ela é um conjunto de moléculas formadas pela ligação de átomos de hidrogênio e oxigênio em uma disposição específica. Mas vemos a água no nosso cotidiano como um líquido incolor uniforme, ou como um sólido cristalino, ou em algumas ocasiões infelizes como uma umidade esmagadora que nos faz desejar que nossas roupas fossem toalhas.* Se examinarmos a maneira como a água se comporta nessas formas diferentes, podemos traçar conclusões sobre o que ela *é de fato*, mesmo se não tivermos acesso a microscópios potentes para ver individualmente cada átomo. O formato de um floco de neve, por exemplo, revela algo sobre o formato das moléculas quando elas se organizam em cristais. A maneira como a água evapora revela algo sobre as forças que mantêm as moléculas unidas. Se só tivéssemos contato com uma das fases da água, não veríamos uma imagem completa dela, e seria mais difícil perceber essa história toda. Da mesma forma, nossa experiência com interações de partículas subatômicas muda de acordo com a energia (ou temperatura) do experimento, e isso nos permite ver melhor o que está acontecendo.

Na física de partículas, o que queremos descobrir é como as partículas interagem entre si e de que forma suas propriedades fundamentais, como a massa, se tornaram o que são. A característica mais saliente de qualquer partícula dotada de massa é que ela

---

* Esta parte do livro foi escrita no auge do verão da Carolina do Norte.

não pode acelerar sem a aplicação de alguma força, e que ela nunca alcança a velocidade da luz. No universo muito primitivo, o campo de Higgs passou por uma transição que fez a força eletrofraca se dividir entre o eletromagnetismo e a força fraca e, no processo, deu a algumas partículas (mas não ao fóton ou ao glúon) a capacidade de interagir com o próprio campo de Higgs. A força dessa interação determina a massa da partícula. O fóton continua voando pelo espaço à velocidade da luz, mas partículas com massa são mais lentas, na razão direta do puxão que experimentam do Higgs.

Comparar o comportamento das partículas no universo primordial à maneira como se comportam hoje é como comparar a maneira como interagimos com a água na forma de vapor e no estado líquido. Imagine o vapor como o campo de Higgs — um campo de energia presente em todos os pontos do espaço. E imagine que, em algum momento, o caráter do campo de Higgs mude tão drasticamente quanto o vapor se condensando em forma de água líquida. Se antes só conhecíamos a experiência de ar úmido, a perspectiva de passar por uma poça d'água é completamente distinta. Quando, de repente, o campo de Higgs mudou de caráter, foi como se as leis da física tivessem se condensado em uma forma completamente nova. De repente, as partículas que antes conseguiam se deslocar pelo espaço livremente à velocidade da luz foram freadas pela interação com o campo de Higgs. Elas adquiriram massa.

Chamamos esse processo de *quebra da simetria eletrofraca*.

ASSUSTADORA SIMETRIA

Na física, simetria é o tipo de conceito sutil e abstrato extremamente difícil de explicar sem equações, mas ao mesmo tempo tão fundamental para tudo que pensamos enquanto físicos que seria negligência da minha parte não dar mais detalhes. A simetria é crucial para a maneira como descrevemos teorias da natureza e, com alguma frequência, para como desenvolvemos novas teorias. Se você por acaso for uma pessoa acostumada a pensar no mundo de acordo com as equações matemáticas que o governam, provavelmente já conhece a ideia de que as teorias podem ser descritas em termos das simetrias às quais obedecem; se não for, isso não faz o menor sentido para a sua cabeça, e com razão. Então vamos fazer um pequeno desvio para explicar essa história direito, porque é algo incrivelmente bonito, e, quando você entender o que é, vai começar a ver a simetria em todos os cantos.

A simetria não tem a ver apenas com o fato de algo parecer ou não igual em um espelho. Na física, tem a ver com padrões, e com a maneira como esses padrões nos permitem compreender mais a fundo uma estrutura subjacente. Vejamos, por exemplo, a tabela periódica. Por que os elementos estão organizados naquelas fileiras e colunas que nós aprendemos? Se você já estudou química, sabe que certas colunas contêm elementos que têm algo em comum — os gases nobres, a coluna mais à direita, não gostam de reações químicas, enquanto os halógenos, da coluna ao lado, são especialmente voláteis. Esses padrões foram descobertos antes mesmo de a tabela ser concluída, e seu criador, Dmitri Mendeleev, até deixou espaços em branco para os elementos que sabia que *deviam* existir, com base no padrão, antes mesmo que eles fossem descobertos.

Os padrões da tabela periódica levaram às teorias sobre a órbita dos elétrons, que levaram a descobertas sobre a natureza fundamental da matéria subatômica. Em inúmeras ocasiões, os cientistas desenvolveram novas teorias da natureza ao identificar padrões em suas observações e procurar por alguma propriedade oculta que pudesse explicar o que estava acontecendo. Nós mesmos fazemos isso o tempo todo, sem perceber. Se você acompanhar as mudanças no trânsito em uma via expressa ao longo de um dia, vai identificar o horário comercial típico. O padrão de desbotamento em um tapete pode levá-lo a deduzir quais áreas do cômodo pegam mais luz natural (permitindo-lhe, portanto, perceber indiretamente a orientação da Terra e do Sol no Sistema Solar).

No caso da física de partículas, o uso da simetria costuma ser muito parecido com a criação de novas tabelas periódicas, mas para tijolos da natureza ainda menores. Semelhanças entre partículas — a carga, a massa ou o *spin*, por exemplo — podem nos dar pistas sobre semelhanças em sua formação ou nas relações entre elas e as forças fundamentais. Ao organizarem essas partículas de acordo com os padrões, os físicos podem identificar as simetrias capazes de definir teorias inteiras.

Às vezes, é mais fácil observar esses padrões pela matemática. Se você pegar uma equação para descrever determinado processo físico e reparar que consegue trocar alguns termos de lugar sem mudar o fenômeno físico que a equação descreve, essa é uma simetria matemática. E ela provavelmente está dizendo algo revelador sobre as partículas ou os campos descritos.

Essa maneira de encarar partículas e as relações entre elas em busca de simetrias é tão presente na física que às vezes usamos referências a simetrias matemáticas como sinônimos das próprias teorias. Por exemplo, o eletromagnetismo costuma ser chamado de teoria $U(1)$, porque alguns aspectos da matemática têm a mesma simetria de um círculo, e "$U(1)$" é o apelido de um grupo matemático que descreve rotações em torno de um círculo.

Uma *quebra* de simetria acontece quando as condições mudam de repente, de tal forma que a teoria que seria usada para descrever a interação das partículas assume uma estrutura diferente, menos simétrica. Quando ocorre uma quebra de simetria, deixa de ser possível trocar símbolos de lugar em uma equação do mesmo jeito de antes, e essa mudança de simetria se expressa como uma alteração de comportamento no mundo físico.

Algumas das simetrias que usamos na física são abstratas e visíveis apenas na matemática, mas algumas são bem conhecidas. A simetria de rotação é quando algo parece igual ao ser girado em algum ângulo (como um círculo ou uma estrela de cinco pontas). A simetria de translação é quando algo parece igual ao ser deslocado em uma direção (por exemplo, uma cerca longa de estacas deslocada pela largura de uma estaca, ou uma reta comprida deslocada por um centímetro). Para quebrar uma simetria, às vezes é preciso fazer algo na situação de modo que a simetria deixe de funcionar. Uma taça de vinho tem simetria de rotação perfeita até o momento em que uma mancha de batom aparece em uma parte. Uma cerca de estacas tem simetria de translação até uma das estacas quebrar. Até um jantar pode sofrer uma quebra de simetria, algo que acontece com frequência entre grupos de físicos durante banquetes de congressos, quando as bebidas começam a circular. Quando você está esperando pacientemente o início da refeição, no meio de uma coleção confusa de talheres, com um pratinho de pão dos dois lados, sua situação é de simetria de rotação. Assim que alguém ao seu lado estica a mão para pegar o pão à esquerda ou à direita, a simetria se quebra, e todo mundo faz o mesmo.*

---

* Quando duas pessoas em lados opostos esticam a mão ao mesmo tempo para pegar um pedaço de pão, o resultado é um acúmulo que os físicos chamam de defeito topológico. Nesse caso específico, seria uma parede de domínio, que, se fosse liberada no cosmo, se espalharia pelo universo e levaria a um Big Crunch. É por isso que eu sempre espero outra pessoa pegar o pão primeiro.

Qualquer que seja o tipo de simetria que você esteja usando, nós, físicos, a veremos nas equações que descrevem as interações. Existem formas de codificar simetrias de rotação, reflexão e translação em equações, para que a física continue igual independentemente da direção em que o sistema em questão seja girado, virado ou deslocado. As equações também podem codificar simetrias mais sutis, mais bem descritas com o uso da teoria de grupos e da álgebra abstrata, e são FASCINANTES, mas, infelizmente, fogem bastante do escopo deste livro.

Quando a simetria eletrofraca foi quebrada, na época em que o universo tinha a tenra idade de 0,1 nanossegundos, aconteceu uma espécie de reorganização da estrutura da física em um nível fundamental.* As regras que as interações de partículas precisam seguir são completamente distintas em nosso universo pós-era eletrofraca. O campo de Higgs, que antes era uma nuvem de vapor, virou um oceano.

A analogia com a água não é perfeita. Quando nos deslocamos pela água, sofremos resistência do meio, o que significa que vamos parar se não aplicarmos esforço. No caso da interação de partículas massivas com o campo de Higgs, as interações não perdem velocidade ao longo do tempo. Qualquer coisa que esteja se deslocando pelo vácuo tende a continuar o deslocamento. No caso de partículas massivas, isso muitas vezes inclui voar desabaladamente pelo universo a uma velocidade muito alta (ainda que inferior à da luz). A principal diferença entre partículas massivas e partículas sem massa é que, para mudar de velocidade, as partículas massivas que estão se deslocando pelo espaço precisam de um empurrão, enquanto as sem massa

---

* Já falamos dessa transição e do que ela representou para o universo muito primitivo no capítulo 2.

viajam na velocidade da luz sem fazer esforço. Na verdade, o único jeito de as partículas sem massa se deslocarem é na velocidade da luz.

Então nós, que gostamos da possibilidade de sossegar de vez em quando, devíamos agradecer ao campo de Higgs por ter quebrado a simetria eletrofraca. O campo de Higgs não só permite que as partículas tenham massa, mas também determina algumas das constantes fundamentais da natureza, como a carga do elétron ou a massa das partículas. O estado físico em que vivemos, com o campo de Higgs devidamente situado onde ele está, é chamado de "vácuo de Higgs", ou "estado de vácuo". Se o campo de Higgs tivesse algum outro valor ou se a simetria tivesse se quebrado de outra forma, talvez nós sequer pudéssemos existir. Estamos imersos em um universo no qual as massas e cargas das partículas estão ajustadas perfeitamente para permitir que constituam moléculas, formem estruturas e a realizem o processo químico da vida. Se o campo tivesse outro valor, esse equilíbrio delicado talvez se desfizesse, o que poderia inviabilizar essas ligações. Devemos toda a nossa existência corpórea ao fato de que o campo de Higgs se estabeleceu com o valor que ele tem.

E é aí que a história começa a complicar um pouco.

Experimentos como o do GCH, que criam condições extremas análogas às do universo primordial, nos ajudam não apenas a identificar quais são as leis da física, mas também o que elas poderiam ser em outras circunstâncias. Em 2012, quando os físicos finalmente conseguiram produzir o bóson de Higgs em colisões de partículas, o cálculo de sua massa revelou a última peça que faltava para completar o modelo padrão da física de partículas. Ele nos proporcionou um vislumbre não só do valor atual do campo de Higgs, mas também de todos os valores que ele poderia assumir, se tivesse tido chance.

A boa notícia é que o valor obtido para a massa de Higgs condiz perfeitamente com uma formulação bem razoável e matematicamente robusta do modelo padrão, que, até o momento, passou com louvor em todos os testes experimentais.

A ruim é que esse retrato robusto do modelo padrão também revela que nosso vácuo de Higgs — o conjunto de leis em perfeito equilíbrio que rege o mundo físico — não é estável.

Todo esse nosso cosmo lindo parece estar nas últimas.

UM COSMO LADEIRA ABAIXO

A ideia de que o nosso vácuo talvez não seja estável não é novidade. Já nos anos 1960 e 1970, os físicos se empolgavam escrevendo artigos para imaginar as hipóteses em que um universo poderia sofrer um processo catastrófico de decaimento, destruindo toda a vida como a conhecemos e até a mera possibilidade de matéria organizada. É claro que, na época, o decaimento do vácuo era só uma ideia legal de se explorar nas equações, sem qualquer base experimental.

Agora é diferente.

Para entender o decaimento do vácuo, antes é preciso entender a noção de *potencial*, um conceito matemático que representa como o valor de um campo pode mudar e onde ele "prefere" estar. Imagine o campo de Higgs como uma pedrinha rolando uma ladeira em direção a um vale, sendo que o potencial é representado pelo formato dessa ladeira. Assim como a pedrinha vai parar no fundo do vale, o campo de Higgs vai buscar o estado de menor energia, onde o potencial atinge seu valor mais baixo, e vai ficar lá, se nada acontecer. Um esquema desse potencial teria a forma de um U, sendo que o fundo desse U é o fundo do vale. No momento em que ocorreu a quebra da simetria eletrofraca, criou-se o potencial que rege o campo de Higgs, e, como costumamos imaginar, ele agora está bem acomodado no fundo.

O problema é que talvez esse não seja o fundo de verdade. Pode haver outro estado de vácuo, em uma parte ainda mais baixa do potencial. Imagine um W meio torto e arredondado, em que um dos vales, aquele que representa o ponto onde nosso campo de Higgs não está, fica um pouco mais baixo do que o outro. Se o potencial de Higgs tiver esse outro vale mais baixo, de repente ele deixa de ser um conceito matemático bacana e se transforma em uma ameaça existencial para o cosmo.

Onde quer que o campo de Higgs esteja agora no seu potencial, ele nos proporcionou um universo perfeitamente habitável e cômodo. Temos constantes da natureza compatíveis com partículas ligadas e estruturas sólidas e aptas para a vida. Se houver outro estado possível, mais abaixo no potencial, tudo isso está em perigo.

Em uma situação dessas, o vácuo de Higgs só está *metaestável*. Mais ou menos... estável... por enquanto. O campo está preso em uma parte do potencial que parece o fundo do vale, mas na verdade está mais para um buraco aberto na encosta do vale. Ele pode ficar encaixado lá por bastante tempo — o suficiente para galáxias crescerem, estrelas nascerem, a vida evoluir, e estúdios produzirem e distribuírem mais filmes de super-herói do que seria desejável —, mas persiste a possibilidade de que um abalo forte o bastante o desaloje, e aí nada o impediria de cair no fundo *verdadeiro* do vale. E isso seria extremamente, apocalipticamente, ruim. Por motivos que abordaremos em breve, com sangrenta riqueza de detalhes.

Infelizmente, os dados mais apurados que temos, que condizem com todos os cálculos do modelo padrão da física de partículas, sugerem que nosso campo de Higgs está preso em um

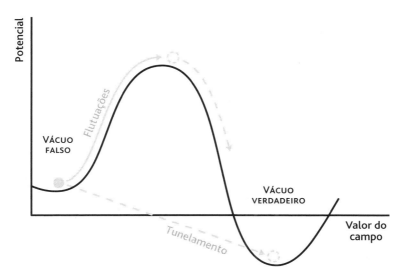

Figura 17: O potencial do campo de Higgs com um estado de vácuo falso. *Cada vale no potencial é um estado possível do universo. Se nosso campo de Higgs vive no vale mais alto (o vácuo falso), ele poderia se deslocar para o outro estado (o vácuo verdadeiro) através de um evento de alta energia (marcado como "flutuações" no diagrama) ou de tunelamento quântico. Se estivermos vivendo em um universo de vácuo falso, a transição do campo de Higgs para o vácuo verdadeiro será catastrófica.*

buraco desses. Esse estado metaestável também é conhecido como "vácuo falso", ao contrário do vácuo "verdadeiro" no fundo do vale.

Qual é o problema de estarmos em um vácuo falso? É bem possível que todos. Um vácuo falso é, na melhor das hipóteses, um refúgio temporário da destruição absoluta. Em um vácuo falso, as leis da física, incluindo a capacidade das partículas de sequer existirem, dependem de um equilíbrio precário que poderia se desfazer a qualquer momento.

Quando isso acontece, é chamado de decaimento do vácuo. É rápido, indolor e capaz de destruir absolutamente tudo.

UMA BOLHA DE MORTE QUÂNTICA

Para que possa acontecer um decaimento do vácuo, é preciso haver um estopim — algo que faça o campo de Higgs se deslocar o bastante para encontrar a parte do potencial que corresponda ao vácuo "verdadeiro" e perceber que prefere ficar ali.* Poderia ser uma explosão de energia ultraelevada, ou a evaporação final catastrófica de um buraco negro, ou até um evento inoportuno de tunelamento quântico (vamos falar mais sobre isso daqui a pouco). Se isso acontecer em qualquer lugar no cosmo, vai criar uma implacável e apocalíptica reação em cadeia contra a qual nada no universo será capaz de resistir.

E tudo começará com uma bolha.

No ponto onde o evento ocorrer, será formada uma bolha minúscula de vácuo verdadeiro. Essa bolha contém um tipo de espaço drasticamente distinto — onde os processos da física seguem leis diferentes e as partículas da natureza são rearranjadas. No instante em que a bolha se forma, é um floco infinitesimal. Mas já está cercado por uma membrana de bolha de energia extremamente elevada capaz de incinerar tudo o que toca.

E, então, a bolha começa a se expandir.

Como o vácuo verdadeiro é um estado mais estável, o universo o "prefere" e se reverterá a ele na primeira oportunidade, da mesma forma que uma pedrinha desce rolando se for colocada em uma ladeira. Assim que a bolha surge, o campo de Higgs à sua volta de repente é sacudido em direção ao fundo do vale. É como se aquela primeira ocorrência soltasse tudo o que é pedrinha de

---

* É claro que o campo de Higgs não prefere nada; ele só é governado pelo potencial. Mas o jeito como ele mergulharia em um vácuo verdadeiro com certeza passaria a impressão de entusiasmo.

seu equilíbrio precário e desse início a uma avalanche. Cada vez mais espaço sucumbe ao estado de vácuo verdadeiro. Qualquer objeto que tiver o azar de se encontrar no caminho da bolha é atingido pela membrana intensamente enérgica, que se aproxima quase na velocidade da luz. Ele então passa por um processo que só poderia ser definido como de total e absoluta dissociação, quando as forças que antes mantinham suas partículas unidas em átomos e núcleos deixam de funcionar.

Talvez seja melhor mesmo não percebermos sua aproximação.

Por mais dramático que o processo possa parecer visto de fora, você nem vai perceber se estiver por perto quando a bolha surgir. Algo que venha na nossa direção na velocidade da luz é invisível — qualquer pequeno vislumbre que poderia alertar para a sua aproximação chega junto com o próprio negócio. É impossível ver a bolha chegar, ou sequer saber que há algum problema. Se ela vier por baixo, seus pés vão se desintegrar e, por alguns nanossegundos, seu cérebro vai achar que você ainda está olhando para eles. Felizmente, o processo também é 100% indolor: em nenhum momento seus impulsos nervosos serão capazes de acompanhar sua desintegração pela bolha. É até uma sorte, na verdade.

Mas é claro que a bolha não para em você. Qualquer planeta ou estrela ao alcance de sua expansão contínua sofre o mesmo destino, igualmente alheio ao que está para acontecer. Galáxias inteiras são engolidas e aniquiladas. O vácuo verdadeiro cancela o universo inteiro. As únicas regiões capazes de escapar são as que estão tão longe que a expansão acelerada do universo as mantém para sempre fora do horizonte da bolha.

Na verdade, é perfeitamente possível que, enquanto estamos aqui, sossegando com um chá, o decaimento do vácuo já tenha ocorrido. Talvez tenhamos sorte e a bolha esteja fora de nosso

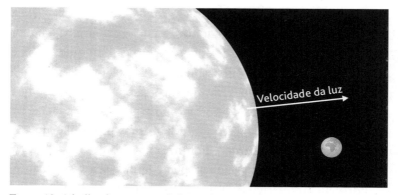

Figura 18: A bolha de vácuo verdadeiro. *Se um evento de decaimento do vácuo ocorrer em algum lugar no cosmo, uma bolha irá se expandir à velocidade da luz, destruindo tudo o que estiver no caminho.*

horizonte cósmico, engolindo galáxias que jamais teríamos conhecido. Ou talvez esteja bem na nossa vizinhança, em termos cósmicos, aproximando-se silenciosamente com uma furtividade relativística, destinada a nos pegar desavisados, em um piscar de olhos.

CUTUCANDO O VESPEIRO

É melhor não se preocupar com o decaimento do vácuo. Sério. Por alguns motivos. Tem os óbvios, claro: se ele estiver acontecendo, é impossível de impedir; e é impossível saber se vai acontecer; e você não sofreria; e não sobraria ninguém para sentir sua falta, então de que adianta se preocupar? É mais saudável conferir se o gás do fogão não está vazando e, sei lá, fazer campanha contra as usinas termelétricas. Mas, se por acaso isso não bastar para mitigar a sua ansiedade, posso afirmar também com um nível razoável de certeza que o decaimento do vácuo é extremamente improvável — pelo menos nos próximos muitos, muitos, muitos trilhões de anos.

Teoricamente, um decaimento do vácuo poderia ocorrer de algumas formas. A mais direta é por um evento de alta energia. Pense em uma espécie de terremoto, que derruba a pedrinha do buraco na encosta e a joga para o fundo do vale. Por sorte, esse "terremoto" teria que ser incomensuravelmente poderoso. Os cálculos mais avançados que temos sugerem que esse acontecimento teria que ser muito mais enérgico do que as explosões mais devastadoras que já presenciamos no cosmo, e com certeza muitas ordens de magnitude mais forte do que qualquer coisa que poderíamos fazer com uma máquina como o Grande Colisor de Hádrons. Se isso for motivo para preocupação, sempre é possível lembrar que as colisões de partículas no cosmo alcançam e sempre alcançaram energias muito mais altas do que o GCH ou qualquer outro equipamento. Então, como ainda não desaparecemos, nossa versão moderna de atirar pedras umas contra as outras não é nenhuma ameaça real.

A dificuldade de criar um evento com energia alta o suficiente para produzir diretamente o decaimento do vácuo se resume à altura da *barreira de potencial* entre o nosso vácuo falso e o verdadeiro. Aproveitando a imagem da pedrinha presa em um buraco, a barreira de potencial é o montinho de terra em volta do buraco que o faz parecer um bolsão. De acordo com nossas estimativas do formato verdadeiro do potencial do Higgs, o buraco é de um tamanho considerável, separado do fundo do vale do vácuo verdadeiro por um pico bem alto. A quantidade de energia necessária para jogar a pedrinha por cima desse pico (ou empurrar o campo de Higgs por cima de sua barreira de potencial) é tão alta que mal vale a pena esquentar a cabeça.

Mas... nós vivemos em um universo que não segue essas regras. Nosso cosmo se baseia fundamentalmente em mecânica quântica, e, na mecânica quântica, quando se fala de escalas subatômicas, é possível, ainda que muito raramente, que o caminho que leva de um ponto a outro atravesse objetos sólidos sem qualquer resistência. Se você está na frente de um muro, talvez não precise reunir energia suficiente para pular por cima dele. Talvez você possa atravessá-lo andando mesmo. Especialmente se "você" for o campo de Higgs.

UM TÚNEL PARA O ABISMO

Tunelamento quântico parece um termo de ficção científica, ou algo teórico bem obscuro com que os físicos brincam enquanto anotam equações incompreensíveis. Bem, a mecânica quântica diz que é impossível determinar com certeza onde exatamente uma partícula está ou que trajetória ela segue. Isso significa que, para as contas funcionarem, é preciso anotar e calcular coisas para *todas* as trajetórias, inclusive as mais surreais, em que as partículas saem de um lado do laboratório para o outro, passando por uma cafeteria a três cidades de distância. Mas isso não quer dizer que a partícula faz isso *mesmo*, não é?

Por acaso, a questão sobre o que a partícula *realmente* faz é surpreendentemente difícil de responder, e deu origem a décadas de discussões sobre interpretações da mecânica quântica. Ainda é um mistério o caminho que uma partícula percorre em sua jornada do ponto A para o ponto B, assim como o que *significa* partículas serem *medidas* como coisas miúdas localizadas e ainda darem um jeito de obedecer à *matemática* de ondas que se estende por todo o espaço.

O único consenso é o que os dados afirmam, e os dados deixam muito claro que o tunelamento através de barreiras aparentemente intransponíveis é algo que as partículas adoram fazer, e fazem com frequência. Aonde quer que a partícula vá nesse intervalo, é evidente que ela não se deixa impedir por uma parede. Esse tipo de arte da fuga é um comportamento tão normal entre as partículas que os engenheiros que projetam celulares e microprocessadores precisam levar em conta o fato de que, de vez em quando, um elétron aparentemente comportado pode de repente se materializar no lado errado de um chip. Algumas tecnologias, inclusive a da memória *flash*, às vezes tiram proveito disso. Microscópios de varredura por tunelamento usam a expectativa de tunelamento quase como uma válvula, despejando elétrons lentamente em uma superfície para obter imagens de átomos individuais.

Fazer elétrons darem saltos curtos ou atravessarem barreiras isolantes pode ser um truque legal, mas a história fica consideravelmente mais séria quando nos damos conta de que o tunelamento quântico pode acontecer não só com partículas, mas também com campos. Campos como o de Higgs, separado daquele vale enorme de vácuo verdadeiro por uma barreira de potencial que ele é capaz de atravessar de ponta a ponta. De repente, a única proteção do nosso hospitaleiro e confortável universo contra o desastre cósmico absoluto parece muito menos sólida.

A notícia (mais ou menos) boa é que até algo esquisito como o tunelamento quântico segue certas regras, pelo menos no que diz respeito à taxa de ocorrência esperada. A probabilidade de um evento de tunelamento se baseia nas características físicas do sistema, e isso significa que é possível definir de maneira bastante razoável a chance de isso acontecer ao longo de um período definido. Não é totalmente aleatório. Por mais difícil que seja entender bem ou interpretar a mecânica quântica, pelo menos ela é calculável.

Mas essas "regras" que nós calculamos não constituem nada mais tranquilizante do que probabilidades. Não podemos afirmar categoricamente que o campo de Higgs *não* vai atravessar a barreira e criar uma bolha de morte quântica bem do seu lado nos próximos trinta segundos, desencadeando um processo de destruição inimaginável que aniquilará o espaço por toda a eternidade. O que podemos dizer é: essa hipótese é extremamente improvável. (Pelo menos a parte do "nos próximos trinta segundos". Se nosso vácuo for mesmo metaestável, então, a rigor, a bolha precisa aparecer em algum momento.)

Os cálculos mais apurados de que dispomos sugerem que nosso vácuo bacana e agradável provavelmente não vai passar por nenhuma reorganização radical tão cedo — no momento da escrita deste livro, as últimas estimativas nos dão mais de 10^{100} anos. A essa altura, é bem possível que já estejamos bem avançados em um processo de morte térmica, ou, se tivermos muito azar, na devastação de um Big Rip. Aí, talvez uma aniquilação instantânea e indolor não pareça tão ruim.

Então, tecnicamente, não posso afirmar com segurança que um decaimento do vácuo não vai acontecer daqui a pouco. Tampouco posso afirmar com certeza que já não aconteceu em algum lugar dentro do nosso Sistema Solar, ou na outra ponta da galáxia, ou em alguma outra galáxia, criando uma bolha que está se expandindo à velocidade da luz e se aproximando silenciosamente de nós agora mesmo. Mas posso afirmar que, se você quiser estabelecer as prioridades da sua paranoia, é *muito* mais provável que você seja vítima de um raio, de um carro desgovernado, de um estouro de boiada, ou até de um meteoro aleatório, do que do surgimento espontâneo de uma bolha de vácuo verdadeiro.

Só tem mais um detalhe.

Já discutimos os fatos que explicam por que não podemos produzir nossa própria bolha de decaimento do vácuo usando um colisor de partículas de alta energia, e por que um evento de tunelamento espontâneo é tão improvável que talvez seja melhor nos esforçarmos para esquecer que isso existe. Mas, recentemente, os físicos pensaram em mais um jeito de destruir o universo com o decaimento do vácuo, e preciso dizer que até que é bem legal.

PEQUENO, MAS LETAL

Em 2014, Ruth Gregory, Ian Moss e Benjamin Withers, partindo de trabalhos anteriores sobre o assunto, publicaram um artigo que chamou minha atenção. Ele explicava que, embora o decaimento espontâneo do vácuo seja lento e tedioso, a presença de um buraco negro poderia acelerar consideravelmente o processo e deixar tudo mais interessante. Na verdade, diziam eles, o maior perigo é um buraco negro *pequeno*, porque buracos negros do tamanho de partículas podem aumentar drasticamente a chance de um decaimento do vácuo ocorrer bem em cima deles. Talvez não tenhamos que esperar 10^{100} anos, afinal de contas.

O que acontece é algo parecido com a maneira como uma partícula de poeira pode condensar um pouco de água em volta de si em um espaço úmido, ou com a maneira como as nuvens são semeadas nas camadas superiores da atmosfera. A partícula de poeira é um *local de nucleação* — algo que diferencia esse ponto de outros e permite que o processo ocorra com mais facilidade. No caso das nuvens e da água, as moléculas de água se juntam com mais facilidade se antes elas puderem se juntar a outra coisa. Assim, uma impureza pode iniciar uma reação em cadeia em circunstâncias nas quais, sem ela, talvez tudo continuasse igual. E acontece que buracos negros minúsculos podem ser esses locais de nucleação para bolhas de vácuo verdadeiro, mas só se forem muito pequenos.

Para a sorte do universo, considerando o que conhecemos atualmente de física gravitacional, não é fácil criar buracos negros minúsculos. De modo geral, só se espera a formação de buracos negros a partir de massas maiores que a do Sol, como quando estrelas imensas entram em colapso no fim da vida. Esses buracos negros podem se tornar muito mais massivos, absorvendo material ou se fundindo uns com outros, mas encolher é outra história. O único jeito de eles perderem massa é através da evaporação de Hawking (ver o capítulo 4), e isso leva um tempo enorme. Um buraco negro com massa equivalente à do Sol tem uma duração estimada de algo em torno de 10^{64} anos. Em algum momento perto do final desse período, o buraco negro talvez fique pequeno o bastante para desencadear um decaimento do vácuo, mas ainda falta bastante para precisarmos nos preocupar muito com isso. Existe também a hipótese de que, no universo primordial, buracos negros minúsculos possam ter se formado por causa das densidades extremas do Big Bang Quente, mas, até o momento, não detectamos nenhum sinal disso. Contudo, se eles tivessem se formado e se buracos negros pequenos fossem mesmo capazes de desestabilizar o vácuo, nós não estaríamos aqui. Então, se levarmos isso em conta, e se acreditarmos na possibilidade do decaimento do vácuo, qualquer teoria que preveja buracos negros primordiais minúsculos precisa estar errada, porque nós existimos.

Só por diversão, alguns de nós também andaram imaginando se seria possível criar esses buracos negros pequenos sem ser nos primeiros instantes do universo. A criação de buracos negros minúsculos não é uma ideia nova. Além de serem de uma fofura incrível, em um sentido teórico assustador, esses minimonstros poderiam nos ajudar a entender melhor o funcionamento da gravidade, descobrir se acontece mesmo aquela evaporação legal e até confirmar se existem mesmo outras dimensões espaciais que ainda não conseguimos ver.

Os físicos passaram anos analisando os dados fornecidos por colisores de partículas com a esperança de perceber algum sinal revelador de que uma das colisões entre prótons tivesse conseguido concentrar tanta energia em um espaço tão reduzido a ponto de implodir imediatamente e formar um buraco negro microscópico. Esse buraco negro, se aparecer, *deve* ser inofensivo, conforme o raciocínio convencional, sem levar em conta a possibilidade de decaimento do vácuo. Segundo a teoria, ele deveria evaporar imediatamente pela radiação Hawking, e, mesmo se não evaporasse, provavelmente estaria se deslocando em uma velocidade relativística em alguma direção e acabaria indo para algum lugar bem longe de nós em muito pouco tempo, porque as colisões nunca acontecem com pontaria e sincronia perfeitas a ponto de as partículas pararem completamente. Além do mais, para que as colisões que ocorrem dentro de colisores de partículas fossem capazes de gerar buracos negros minúsculos, a força gravitacional sentida pelas partículas subatômicas teria que ser mais intensa do que as leis gravitacionais de Einstein sugerem. E o único jeito de isso acontecer, até onde sabemos, é se existirem outras dimensões espaciais. Vamos falar mais disso no próximo capítulo, mas, resumindo, uma quantidade de dimensões espaciais maior que as três que já conhecemos pode fazer com que a gravidade seja um pouco mais forte em escalas muito pequenas e, portanto, permitir que as colisões do GCH criem buracos negros pequenos.

Então, se conseguirmos criar buracos negros no GCH, teremos indícios de que o espaço possui mais dimensões do que imaginávamos. O que, para um físico que vive em busca de físicas novas e empolgantes, talvez pareça uma notícia fantástica! É claro que seria uma pena se esses buracos negros que estamos tentando criar no GCH fossem capazes de desencadear um decaimento do vácuo e acabar com o universo...

Felizmente, isso não vai acontecer. Nossa certeza disso é tão absoluta quanto a física permite. A principal razão para isso é o fato de, como já vimos, os raios cósmicos produzirem colisões muito mais potentes do que qualquer coisa que observamos dentro dos nossos colisores. Se pudermos criar buracos negros batendo prótons... bem, o universo já fez isso inúmeras vezes, e continuamos aqui! Então, ou não há buracos negros aparecendo em lugar nenhum, ou eles sempre foram inofensivos.

Uma outra razão é que, aparentemente, os buracos negros pequenos precisam atingir um limite mínimo de massa para sequer haver a possibilidade de perigo. Os buracos negros que um colisor de partículas poderia criar estariam bem abaixo desse nível, assim como, muito provavelmente, várias das colisões que ocorreriam no espaço. Ainda por cima, alguns de nós já começaram a trabalhar partindo desse fato, junto com o de nossa persistente existência, para afirmar que deve haver limites para o tamanho possível de outras dimensões.* (Quanto a mim, na condição de cosmóloga interessada em testar diversas teorias da física, acho sempre legal poder usar a ausência de um apocalipse cósmico como elemento de análise.)

Então, deixando de lado os buracos negros pequenos por enquanto, em que pé ficamos com o decaimento do vácuo?

---

* Por "alguns de nós", entenda-se eu e meu colega Robert McNees, em nosso artigo de 2018 publicado na *Physical Review D*. Esse foi divertido.

Todas as outras possibilidades de fim do universo que exploramos proporcionam pelo menos o pequeno consolo de estarem tão distantes no futuro que, com uma boa dose de confiança, podemos deixar o problema para quaisquer que sejam as entidades pós-humanas habitando o cosmo depois que desaparecermos. O decaimento do vácuo é especial no sentido de que, tecnicamente, pode acontecer a qualquer momento, mesmo que a probabilidade seja astronomicamente baixa. E ele também possui um aspecto especialmente extremo, quase gratuito.

Em 1980, dois teóricos, Sidney Coleman e Frank De Luccia, calcularam que uma bolha de vácuo verdadeiro conteria não só uma disposição totalmente distinta (e letal) da física de partículas, mas também um tipo de espaço que é, pela própria natureza, gravitacionalmente instável. Eles explicaram que, no momento em que a bolha se formasse, tudo dentro dela sofreria um colapso gravitacional em microssegundos. Eles então afirmaram:

> Isso é desanimador. A possibilidade de que estejamos vivendo dentro de um vácuo falso nunca foi uma hipótese muito feliz. O decaimento do vácuo é a catástrofe ecológica por excelência; em um vácuo novo, existem novas constantes da natureza; após o decaimento do vácuo, não é apenas a vida como a conhecemos que se torna impossível, mas também a química. No entanto, podíamos extrair um consolo estoico da possibilidade de que talvez, ao longo do tempo, o novo vácuo fosse capaz de sustentar, ainda que não a vida como a conhecemos, pelo menos algumas estruturas capazes de vivenciar a alegria. Essa possibilidade agora foi eliminada.[*]

---

[*] Esse debate ainda é, para mim, uma das obras mais bonitas de poesia física que já vi em um periódico acadêmico.

A ALEGRIA DE NÃO SABER

É claro que o decaimento do vácuo é uma ideia relativamente nova que incorpora tantos conceitos extremos da física que é bastante possível que nossa perspectiva sobre ele mude drasticamente nos próximos anos. Talvez cálculos mais detalhados e rigorosos nos deem respostas diferentes. Essas incertezas são difíceis e complicadas, e ainda vai demorar até alcançarmos um consenso.

Se concluirmos que nosso vácuo é mesmo metaestável, talvez isso seja incompatível com a teoria da inflação cósmica. Ao que parece, as flutuações quânticas durante a inflação, ou o calor ambiente depois dela, deveriam ter bastado para desencadear o decaimento do vácuo nos primeiros instantes do cosmo, inviabilizando nossa própria existência. E, nitidamente, não foi o que aconteceu. O que sugere que ou não compreendemos o universo primordial, ou o decaimento do vácuo nunca foi uma possibilidade.

Quer você acredite ou não em teorias sobre o universo primordial, para levar a sério o decaimento do vácuo é preciso confiar bastante no modelo padrão da física de partículas, e nós sabemos que ele não tem como dar conta de explicar tudo. A matéria escura, a energia escura e a incompatibilidade da mecânica quântica com a relatividade geral, tudo indica que o universo não se limita ao que somos capazes de descrever hoje. Pode ser que o que aparecer para substituir o modelo padrão acabe nos salvando da remota preocupação com uma bolha desgovernada de morte quântica.

Ou pode ser que extensões da física fundamental apresentem formas completamente novas para o fim do universo. A possibilidade de dimensões adicionais do espaço — as mesmas que atiçam os físicos que desejam criar buracos negros em miniatura

— estende o universo para domínios novos do desconhecido. Como exploradores chegando na beirada do mapa, nós avançamos sem saber o que vamos encontrar. Dimensões mais elevadas do espaço talvez nos permitam solucionar alguns problemas antigos em nossas teorias da gravidade, mas também oferecem um aviso, rabiscado nas margens de um mapa cósmico que não para de crescer: aqui há monstros.

7. Ricochete

> HAMLET *Deus, eu poderia viver enclausurado dentro de uma noz e me consideraria um rei do espaço infinito — não fosse pelos meus sonhos ruins.*
> William Shakespeare, *Hamlet**

No dia 14 de setembro de 2015, às 9h50min45 (UTC), todo mundo ficou, por um brevíssimo instante, um pouquinho mais alto.

O pico da onda gravitacional que passou por nós vinha atravessando o cosmo, distorcendo o espaço pelo caminho, por 1,3 bilhão de anos, desde sua emissão pela fusão violenta de dois buracos negros, ambos trinta vezes mais massivos que o Sol. Você talvez não tenha sentido o aumento — afinal, foi de menos de um milionésimo da largura de um próton —, mas os físicos no Observatório de Ondas Gravitacionais por Interferometria Laser (LIGO — Laser Interferometer Gravitational-Wave Observatory)

---

* Trad. de Lawrence Flores Pereira. São Paulo: Penguin-Companhia das Letras, 2015. (N. T.)

perceberam. A primeira detecção de ondas gravitacionais foi a conclusão de décadas de pesquisas e exigiu o desenvolvimento de novas tecnologias e a criação do equipamento mais sensível da história da física experimental. Quando essas ondulações no espaço-tempo finalmente foram captadas, o acontecimento foi aclamado como a confirmação máxima da teoria da relatividade geral de Einstein.

Mas o mais importante de tudo foi que estava nascendo ali uma nova era de observações astronômicas. O universo se abriu para uma forma de observação totalmente nova. Em vez de captar luz ou partículas de alta energia vindas de fontes distantes, agora nós poderíamos sentir a vibração do próprio espaço, criando pela primeira vez uma janela para o tipo de violência cósmica distante capaz de abalar as próprias fundações da realidade.

Desde essa primeira descoberta, a astronomia de ondas gravitacionais tem nos apresentado as quedas em inspiral e as fusões catastróficas de buracos negros e estrelas de nêutrons e nos permitido estudar os mecanismos da gravidade com um grau inédito de precisão. Mas as ondas gravitacionais talvez detenham o segredo de algo mais fundamental ainda. Elas podem nos fornecer uma nova perspectiva da forma e da origem do nosso universo e nos proporcionar a chance de determinar se pode existir algo fora dele. Algo capaz de destruir tudo.

A INSUSTENTÁVEL FRAQUEZA DA GRAVIDADE

Já sabemos há bastante tempo que deve haver algum problema com a gravidade. Ela funciona bem demais. Até o momento, em todas as situações em que foi testada, a relatividade geral de Einstein se comportou perfeitamente. Os físicos passaram

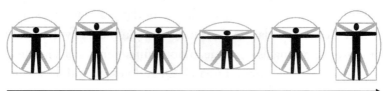

Figura 19: Ilustração do efeito causado pela passagem de uma onda gravitacional. *Quando uma onda gravitacional atinge algo diretamente, o espaço que ela atravessa é esticado verticalmente e apertado horizontalmente, e vice-versa, a cada pico de onda. Se você estiver na trajetória da onda, vai ser ora uma pessoa um pouco mais alta e esbelta, ora um pouco mais baixa e larga, até a onda passar. A magnitude do esticamento do seu corpo é de apenas cerca de um milionésimo da largura de um próton.*

décadas tentando achar algum desvio, em alguma parte, qualquer parte, que mostrasse o inevitável colapso das equações simples* delineadas na teoria de Einstein. Em algum lugar, em alguma circunstância extrema, como à beira de um buraco negro ou entre as partículas no centro de uma estrela de nêutrons, as equações devem ter alguma falha. Nossas buscas ainda não renderam nada, mas com certeza deve existir alguma.

Existem bons motivos para nossa desconfiança. Em comparação com as outras forças, a gravidade é um patinho feio. Além de ter um aspecto completamente distinto em termos matemáticos, ela é fraca demais. Sim, quando se tem uma quantidade suficiente de massa para formar uma galáxia, ou um buraco negro, ela parece bastante forte. Mas, no dia a dia, ela é de longe a força mais fraca

---

* "Simples" aqui talvez seja uma questão de perspectiva. As equações da relatividade geral demandam uma compreensão profunda de geometria diferencial, que é o tipo de coisa que as pessoas normalmente só estudam se estiverem fazendo pós-graduação em física ou matemática. Mas, se você FOR uma dessas pessoas, as equações são elegantes e transparentes como taças de cristal.

de todas. Basta você levantar uma xícara de café que vai superar a atração gravitacional do planeta inteiro. Seria preciso concentrar a massa do Sol em algo do tamanho de uma cidade para a gravidade alguma chance de competir com as forças atômicas e nucleares que mantêm os átomos unidos.

Mas essa comparação não é só um teste de força. A ideia de que todas as forças podem ser reformuladas de algum jeito como aspectos diferentes de uma mesma coisa, em ambientes de energia extremamente alta, costuma ser considerada essencial para entender de fato como a física funciona. Vivemos na torcida para que exista alguma teoria absoluta — uma teoria de tudo — que reúna as forças da física de partículas e a gravidade para explicar, bem... tudo.

Mas, até o momento, a gravidade se recusa a colaborar. Temos uma teoria bastante sólida da força eletrofraca (uma união do eletromagnetismo com a força nuclear fraca), confirmada por experimentos. Temos também algumas pistas bastante promissoras de uma teoria da grande unificação que junte a força eletrofraca e a nuclear forte. Mas, sempre que tentamos incluir a gravidade, sua fragilidade estraga tudo. Mesmo sem levar isso em consideração, a gravidade e a mecânica quântica (que descreve o funcionamento de todas as outras forças) divergem explicitamente ao prever coisas como, por exemplo, o que deveria acontecer na borda de um buraco negro. Ajudaria muito se encontrássemos um jeito de fazer a gravidade participar.

Então, parece que temos algumas opções. A mais óbvia é abandonar toda essa ideia de unificação e deixar a gravidade ser o alecrim dourado das teorias, desligada do resto da física. É completamente possível que não exista nenhuma teoria de tudo, e que jamais sejamos capazes de encaixar tudo de um jeito que faça sentido. Mas só de escrever isso meus dedos de física já se retorcem todos, então talvez possamos guardar isso por enquanto no armário de "QUEBRE O VIDRO EM CASO DE EMERGÊNCIA EXISTENCIAL".

Uma ideia muito mais agradável e intelectualmente instigante é a de que o problema está em nossa teoria da gravidade: a relatividade geral precisa ser alterada ou substituída, e, quando isso acontecer, tudo vai se encaixar. Não foram poucas as impressionantes e bem-intencionadas tentativas nessa direção. Teorias de gravitação quântica — dentre as quais a teoria das cordas e a gravitação quântica de laços são os exemplos mais famosos — ainda são assuntos badalados entre os teóricos que estão tentando dar um jeito de juntar a física de partículas e a gravidade e amarrar tudo com um laço. Ou uma corda. Você entendeu. Em cada uma dessas hipóteses, acabamos com uma teoria da gravidade que pode ser *quantizada* — expressa em termos de partículas e campos, em vez de forças ou curvatura espacial —, e esses campos e partículas combinam bem com os das teorias quânticas de campo que explicam as interações entre quarks e elétrons e fótons e todo o mundo subatômico. Nesse cenário, as forças gravitacionais seriam manifestações da troca de partículas chamadas grávitons, assim como um campo elétrico é o resultado do deslocamento de fótons entre objetos. E as ondas gravitacionais, que hoje encaramos como o esticamento e o achatamento do espaço-tempo, também poderiam ser visualizadas como a movimentação de grávitons expressando sua natureza ondular.

Infelizmente, apesar de décadas de muito trabalho e cálculos extraordinariamente complexos, ainda não nos decidimos por uma teoria que tenha ampla aceitação na comunidade de físicos. Não só nenhuma das ideias apresentadas foi confirmada em experimentos com partículas como sequer sabemos se essa confirmação é *possível*. Uma situação ideal seria descrever duas teorias e depois conferir se elas fornecem previsões diferentes para experimentos como os que estão sendo realizados no Grande Colisor de Hádrons. Mas isso é um desafio quando tentamos distinguir entre teorias cujos efeitos só ficam evidentes em energias muitas ordens de magnitude acima daquelas que as colisões do GCH são capazes de alcançar. Isso levou os físicos a sugerirem soluções que iam desde argumentos abstratos concentrados em reduzir a variedade total de universos possíveis até debates filosóficos sobre como progredir em áreas da teoria que talvez nunca ofereçam comprovação experimental.

Para aqueles de nós que ainda alimentam a esperança de ver dados novos, o melhor palpite que temos de algo que possa apontar pistas para uma teoria de tudo talvez tenha a ver com a cosmologia — especialmente o estudo do universo primordial. Se o que precisamos é de dados sobre interações entre partículas em níveis extraordinários de energia, será mais fácil arrumar modos novos de examinar o Big Bang do que tentar construir um colisor de partículas do tamanho do Sistema Solar.

Já estamos nos encaminhando nessa direção. Até o momento, só encontramos um punhado de fenômenos físicos que não conseguimos explicar dentro do modelo padrão da física de partículas (ou em modificações muito ligeiras dele). Os grandes, que são a matéria e a energia escuras, contam com forte embasamento de dados observacionais. Mas todas essas informações vêm da cosmologia e da astrofísica. Talvez nossa melhor chance de descobrir que rumo as teorias devem tomar seja descobrir o que são esses componentes cósmicos misteriosos e como eles funcionam.

Outra coisa que nos aponta para a cosmologia é o estranho desequilíbrio entre matéria e antimatéria no universo. Enquanto nossas teorias atuais sugerem que a matéria e a antimatéria deveriam existir em igual quantidade, nossa experiência no mundo e nossa capacidade de não sermos aniquilados constantemente sempre que encostamos em algo demonstram que a matéria comum está ganhando com bastante folga. Ainda não sabemos como chegamos a esse ponto, mas provavelmente vamos encontrar pistas desse mistério em estudos mais aprofundados e detalhados sobre o universo primordial, quando essa assimetria começou.

Qualquer que seja o lugar onde formos procurar informações, em nossa busca por uma teoria de tudo, temos duas abordagens complementares. Uma é examinar os fenômenos que já vemos na natureza e que não se enquadram nas teorias estabelecidas da física, de modo que possamos desenvolver teorias novas e melhores para explicá-los. A outra é tentar quebrar as teorias que já temos — formular situações extremas que ainda não tenham sido testadas e ver se conseguimos encontrar um jeito novo de analisar os dados que nos mostre se a teoria continua funcionando. Praticamente todo avanço que fazemos na física é resultado de uma combinação desses dois métodos. Foi assim que saímos da gravidade newtoniana, que funciona extremamente bem em situações do cotidiano, para a relatividade geral de Einstein. Seria um exagero enorme usar a relatividade geral para explicar o deslizamento de um bloco por um plano inclinado, mas ela é crucial para compreender o encurvamento da luz em torno de objetos extremamente massivos no espaço ou as pequenas variações na órbita de Mercúrio dentro do poço gravitacional do Sol.

A teoria da gravidade newtoniana teve que ser substituída para conseguirmos progredir para uma superior, a relatividade geral; chegou a hora de a relatividade geral dar lugar à próxima bola da vez.

Mas a relatividade geral tem resistido tanto a esses esforços que, talvez, em vez disso, acabemos tendo que reorganizar o universo inteiro.

ABRINDO ESPAÇO

Em um episódio clássico de *Jornada nas estrelas: A nova geração*, a dra. Crusher, em função de uma série complicada de acontecimentos, acaba sendo a única ocupante da *Enterprise* enquanto a nave está presa em um esquisito tipo de bolha turva. É tanta coisa estranha acontecendo — inclusive o desaparecimento súbito do resto da tripulação —, e tudo contraria de tal modo os dados dos sensores, que, com base em seus conhecimentos médicos, ela supõe que há boas chances de tudo ser uma alucinação. Mas, quando suas análises clínicas não conseguem diagnosticar um problema médico, ela avança para a conclusão lógica seguinte: "Se não tem nada de errado comigo", diz, "então talvez haja algo de errado com o universo!". Por acaso (e peço desculpas se estou estragando o final, mas o episódio foi ao ar em 1990; você teve três décadas para assistir), ela tinha toda a razão.

Já faz algum tempo que os físicos desconfiam de que a fraqueza incongruente da gravidade talvez os obrigue a chegar a uma conclusão semelhante. Talvez a força da gravidade não tenha nada de errado. Talvez o problema seja que o *universo* a esteja fazendo *parecer* mais fraca do que ela é de fato.

O que poderia fazer a gravidade parecer fraca? A solução talvez seja algo surpreendentemente banal. Ela está vazando. Para outra dimensão.

A história é a seguinte. Como você provavelmente já sabe, costumamos pensar no universo como algo dotado de três dimensões espaciais (leste-oeste, norte-sul, cima-baixo). Na relatividade, também contamos o tempo como dimensão, e falamos de locais em um espaço-tempo quadridimensional (uma posição no espaço e em algum momento no continuum passado-futuro). Na hipótese das *dimensões adicionais grandes*, existe outra direção, ou outras, que não temos como acessar. Todo o espaço que faz parte do nosso espaço-tempo está limitado a uma "brana" — pense em membrana — tridimensional, e um espaço maior se estende para fora em alguma direção (ou direções) nova que nosso cérebro humano limitado só consegue descrever em termos matemáticos. Talvez também seja interessante comentar que o "grandes" em "dimensões adicionais grandes" é um termo ligeiramente equivocado. Em geral, se nosso universo tiver mesmo dimensões adicionais, é possível que elas sejam infinitas nas três dimensões que já conhecemos, mas só se estendam por um milímetro nas direções novas. (Imagine uma folha grande de papel muito fino — tecnicamente, ela é um objeto tridimensional, mas duas de suas dimensões são muito maiores que a terceira.) Mas, para quem estuda física de partículas e já tem o costume de lidar com distâncias que fazem átomos parecerem grandes, milímetros bem poderiam ser quilômetros. Não é à toa que nos referimos ao espaço extra fora de nossa brana como "*bulk*" [grande volume].

Nessa hipótese, a física de partículas e a gravidade ainda atuam de forma fundamentalmente distinta uma da outra, mas não por causa da força inerente de cada uma. A diferença é que todas as forças da natureza na física de partículas — o eletromagnetismo e as forças nucleares forte e fraca — estão confinadas à brana. Para elas, o *bulk* maior, com mais dimensões, não existe. Mas a gravidade não tem esse limite. A gravidade atua diretamente sobre o espaço-tempo, incluindo o espaço-tempo fora da nossa brana tridimensional. Portanto, a gravidade produzida por um objeto massivo dentro do nosso espaço perde um pouquinho da força aparente quando vaza para o *bulk*, do mesmo jeito que uma gota de tinta perde um pouco de cor ao ser absorvida pela folha de papel. O fato de que as dimensões novas são tão pequenas em comparação com as nossas dimensões comuns significa que esse vazamento não pode ser percebido até que se meçam os efeitos gravitacionais de coisas a distâncias milimétricas, o que é algo extremamente difícil de fazer. Afinal, na maior parte do tempo, se estamos perto de um objeto e nos afastamos um milímetro, não vamos sentir nenhuma redução significativa na atração gravitacional que esse objeto exerce.

Mas, quando descobrirmos um jeito de tomar medidas em escalas milimétricas, poderemos testar se a redução da gravidade bate com o que esperávamos das equações normais. Retomando a analogia da tinta no papel, se você derramar um litro de tinta em uma folha de papel, ainda vai parecer um litro de tinta. Mas, se você pingar uma gota só, vai perceber que uma parte vai desaparecer quando a tinta for absorvida pelas fibras da folha. Se as dimensões adicionais têm milímetros de largura, e se conseguirmos mensurar a variação da gravidade nessa escala, a quantidade de gravidade que estamos perdendo para esse *bulk* dimensional extra fica comparável à quantidade que estamos tentando detectar. Vamos perceber uma queda na força gravitacional mais acentuada do que a relatividade geral prevê para um espaço sem vazamento, e isso vai evidenciar que há alguma coisa errada.

Até o momento, embora ainda não tenhamos consenso sobre uma explicação alternativa para a fraqueza da gravidade, também não encontramos nenhum indício concreto de que esse vazamento exista de fato, apesar de estarmos aprimorando cada vez mais nossa capacidade de medir a gravidade em escalas muito pequenas. Por mais atraentes que as dimensões adicionais possam parecer do ponto de vista teórico, sua existência ainda está mais para possibilidade intrigante do que para característica confirmada do nosso cosmo. E, em grande parte, a motivação original a favor dessa hipótese perdeu força, pois quase todas as teorias mais robustas que usavam um vazamento para explicar a fraqueza da gravidade foram descartadas, uma vez que preveem alterações em níveis que já deveríamos ter detectado. Ainda assim, seguimos na busca, porque, se forem uma realidade, as dimensões adicionais oferecem uma perspectiva completamente nova sobre a gravidade e sobre o universo. Se nosso universo estiver em uma brana contida em um espaço-tempo maior, isso levanta a possibilidade de existirem outros universos, talvez em branas próximas, e de sua gravidade talvez ser capaz de influenciar o nosso. E, o que seria mais dramático ainda, as interações entre branas poderiam proporcionar uma nova hipótese para a origem do nosso universo — e, em última análise, para sua destruição.

Bem-vindo ao cosmo ekpirótico.

APLAUSO CÓSMICO

Meu primeiro contato com a hipótese ekpirótica para a origem (e o destino) do cosmo foi em uma palestra de física muito interessante que Neil Turok, um dos proponentes, apresentou na Universidade de Cambridge. O segundo foi em um conto de ficção científica sobre alienígenas. Não é comum que conceitos teóricos relativamente esotéricos formulados para solucionar problemas complexos na física do universo primordial apareçam na ficção, então na época foi meio que inusitado. O conto, "Mixed Signals" [Sinais misturados], de Lori Ann White e Ken Wharton, narra uma série de acontecimentos estranhos que, no fim, parecem associados a ondas gravitacionais. Especificamente: ondas gravitacionais estranhas e poderosas, regulares demais para serem produzidas pelo pessoal de sempre — colisões de buracos negros ou estrelas de nêutrons. Com o tempo, os protagonistas descobrem que as ondas são um sinal enviado por seres inteligentes através do *bulk* de dimensão maior de uma *outra brana*. Os autores até citam o modelo ekpirótico, explicando que, nessa teoria, nosso universo é só um dentre várias branas tridimensionais em um espaço pluridimensional no qual apenas a gravidade é capaz de transitar. E, se a gravidade pode transpor o *bulk*, as ondas gravitacionais seriam um excelente mecanismo de comunicação entre branas.

Embora, tecnicamente, a existência de outras civilizações em universos de branas vizinhas nunca tenha sido descartada como possibilidade, o principal propósito da hipótese era explicar a origem e a destruição do *nosso* universo. Pouco tempo depois da palestra e do conto de ficção científica, fui fazer minha tese de doutorado sobre física do universo primordial com Paul Steinhardt, que trabalhou com Neil Turok para conceber o modelo ekpirótico. Embora eu estivesse mais concentrada em outras teorias para nossas origens cósmicas, a hipótese ekpirótica estava sempre aparecendo em conversas e reuniões de grupo. (Por algum motivo, ninguém nunca falou de alienígenas.)

Desde essa época, a hipótese ekpirótica foi revista e generalizada, e a versão mais recente não inclui nenhuma dimensão extra. Mas, como é comum na ciência, uma ideia nova que talvez acabe não dando em nada ainda pode inspirar uma forma diferente de pensar no problema — uma forma que possa nos levar por uma direção totalmente nova (e, quem sabe, melhor). Então vamos começar com a ideia original. Afinal, ela nos proporciona a possibilidade de um fim cósmico dramático e intrigante.

O termo "ekpirótico" vem do grego e significa "conflagração", uma referência à origem e à futura morte incendiária do universo de acordo com essa hipótese. Pela história padrão, não ekpirótica, o início do universo inclui um período de inflação cósmica,* que já abordamos no capítulo 2. A inflação provoca um esticamento drástico do cosmo durante a primeira fraçãozinha de segundo, e a partir daí o decaimento do que quer que tenha causado o esticamento (chamamos isso de *campo de ínflaton*)** despeja uma quantidade imensa de energia no cosmo em preparação para a fase "quente" do Big Bang Quente. Já na versão original do modelo ekpirótico, o universo primordial é aquecido por uma colisão espetacular de duas branas tridimensionais adjacentes, uma das quais contém o que mais tarde se tornaria nosso cosmo todo. Após a colisão, as duas branas seguem seu rumo, afastando-se lentamente pelo *bulk* e se expandindo. Mas elas vão voltar. A hipótese ekpirótica é cíclica; nela, a criação e a destruição do cosmo se repetem continuamente.

Quanto a mim, acho que essa história toda faz muito mais sentido se usarmos a ferramenta mais antiga no repertório de qualquer físico: a mão.

Sua mão esquerda é nossa 3-brana: o universo tridimensional em que vivemos. (É óbvio que nada disso está em escala. Afinal, estamos balançando as mãos.) Sua mão direita é outra brana, "oculta".***

---

* Aquela história em que um esboço de teoria passa por uma reformulação drástica, mas ainda útil, também se aplica à inflação. A versão original da inflação costuma ser considerada um toque de gênio, apesar de, no fim das contas, ter sido um completo fracasso. Ela não funcionava nem um pouco, e, um ano depois, foi totalmente repaginada por outros físicos. Mas seus criadores acertaram na mosca ao propor uma classe geral de soluções que se tornaram o estopim para uma explosão de maneiras criativas de finalmente fazer o Big Bang funcionar. A versão repaginada, que às vezes chamamos de "nova inflação", se tornou a base do tipo de inflação que todo mundo discute hoje em dia.
** Porque a gente gosta de chamar partículas e seus campos correlatos com nomes que terminam em "on".
*** Cada uma dessas branas, pela terminologia oficial, é considerada uma brana de "fim de mundo", porque reside nas fronteiras do espaço. Parece adequado.

Comece juntando as mãos, com os dedos fechados, como se fosse rezar. Esse é o momento da criação do cosmo. É a colisão que acende o incêndio primordial. Nesse instante, as duas branas estão cheias de plasma quente e denso, um inferno de intensidade inimaginável que forja os primeiros átomos e transporta as ondas vibrantes de plasma que, na nossa brana, depois veremos como flutuações na luz da radiação cósmica de fundo em micro-ondas. Agora, lentamente, afaste um pouco as mãos, mantendo-as paralelas, e abra os dedos. As branas se afastaram pelo *bulk* de dimensões maiores, e o espaço em cada brana está, de maneira independente, esfriando e se expandindo, cada um a seu modo. Não há nenhuma fase de inflação nesse modelo, só uma expansão constante após a colisão. E a expansão dos espaços não está invadindo o *bulk*; eles estão se abrindo paralelamente em suas próprias branas. Na nossa brana, sua mão esquerda, está o cosmo que observamos hoje. Embora não seja possível perceber nosso deslocamento em relação à outra brana, conseguimos ver galáxias se distanciando de nós à medida que o espaço tridimensional em que vivemos se expande e nosso universo fica cada vez mais vazio, rumo a uma morte térmica. Não sabemos o que está acontecendo com sua mão direita, a brana oculta. Talvez ali também existam civilizações, observando seu próprio universo se esvaziar conforme viaja por um abismo invisível. Talvez seja um lugar silencioso e desolado, onde, por algum motivo, a matéria nunca tenha aprendido a se organizar de modo a gerar vida. Talvez existam lá cachorrinhos falantes. A menos que detectemos algum sinal de ondas gravitacionais da brana oculta, provavelmente nunca descobriremos como ela é de fato, nem sequer se ela existe.

Agora, aproxime lentamente as mãos de novo e, de repente, bata as palmas. Nessa hipótese, depois que as branas se afastaram até o ponto máximo e se expandiram, elas voltam a se atrair e ricochetear uma na outra. Essa batida de palmas — o ricochete — destruiu tudo nas duas branas, acabando com nosso universo, e criou um novo Big Bang. Os dois universos voltaram à fase quente, a um inferno de plasma, um estado caótico cujo espaço renascido guarda pouco ou nenhum resquício físico do que havia antes. Agora, separe as mãos e repita o ciclo inteiro de novo. E de novo. E de novo. Um universo ekpirótico de mundo-brana* é um aplauso cósmico eterno e cataclísmico.

VOLTAS E VOLTAS

Ainda não sabemos se vivemos mesmo em um mundo-brana, ou se existem outras branas em algum *bulk* de dimensões maiores. Mas a ideia geral do universo cíclico desperta algum interesse, pois é uma das pouquíssimas alternativas razoáveis à inflação que tem alguma chance de reproduzir os sucessos dela.** Resta definir que formas o modelo ekpirótico e a inflação vão assumir — os

---

* O termo "mundo-brana" se refere especificamente a modelos nos quais existem dimensões maiores e nosso universo observável vive em uma brana tridimensional dentro de um espaço maior. É mais ou menos uma espécie de multiverso, embora, geralmente, ao falar em multiverso, as pessoas pensem em outra coisa, como regiões de um espaço maior (tridimensional) onde as leis da física talvez sejam diferentes, ou até a Interpretação de Muitos Mundos da mecânica quântica, que é outra história. Qualquer concepção que permita a existência de uma realidade que vai além do nosso volume cósmico observável é uma espécie de teoria de multiverso.
** Estou usando aqui "cíclico" e "com ricochete" mais ou menos como sinônimos, mas um modelo com ricochete não é necessariamente cíclico, no sentido de que poderia haver um único "ricochete" — uma transição a partir de alguma fase duradoura pré-Big Bang do passado para o nosso universo atual, que por sua vez vai morrer do seu próprio jeito, sem produzir um universo novo depois.

modelos ekpiróticos mais recentes não incluem nenhuma brana, e algumas versões da inflação passaram a incluí-las. A grande diferença entre esses dois modelos é que, enquanto a inflação resolve uma série de problemas cosmológicos considerando um período de expansão rápida no universo muito primitivo, o modelo ekpirótico usa uma *contração lenta* logo antes do ricochete. No caso do modelo de mundo-brana, isso ocorre durante a fase em que as branas estão se encontrando. Como a inflação, o modelo ekpirótico pode ser compatível com a distribuição de matéria que observamos no universo hoje e talvez consiga explicar por que nosso cosmo parece tão uniforme e plano (no sentido de não se curvar sobre si mesmo ou de não ter outra geometria complicada em grande escala). O fato de que tudo tem essa uniformidade esquisita faz sentido se as branas forem imensas e estiverem paralelas antes do ricochete — isso quer dizer que o impacto pode acontecer em todas as partes do mesmo jeito, ao mesmo tempo, e com só algumas ligeiras flutuações quânticas para fornecer os picos necessários a fim de preparar as regiões de maior densidade que, ao longo do tempo, se tornarão galáxias, aglomerados de galáxias e toda a estrutura cósmica.

Contudo, assim como na inflação, ainda falta definir vários detalhes teóricos. O maior de todos é a dúvida quanto ao que exatamente acontece durante o ricochete. Ocorre uma singularidade verdadeira? Ou o ricochete não alcança a densidade máxima absoluta, permitindo que alguma informação sobreviva ao processo e avance para o ciclo seguinte? A versão mais recente do modelo tem muito pouca contração, então nada semelhante a uma singularidade ocorre. Em vez de usar uma colisão entre branas, a contração nesse modelo é provocada por um *campo escalar*, que é algo parecido com o campo de Higgs ou (talvez) com o que achamos que pode ter causado a inflação. Mas esse modelo oferece a possibilidade instigante de que ocorra uma transferência de informação entre os ciclos, e, em tese, talvez possamos observar seus sinais algum dia.

O que nos traz à questão das evidências observacionais. Como tanto o modelo ekpirótico quanto a inflação foram concebidos para solucionar os mesmos problemas cósmicos, a confirmação ou refutação de qualquer um deles talvez demande um pouco de criatividade. Tudo o que já vimos até o momento no cosmo parece compatível com a hipótese padrão da inflação, mas não vimos nenhuma prova incontestável, assim como tampouco vimos algo que comprove ou elimine uma alternativa ekpirótica. Há anos se discute se modelos cíclicos são mais ou menos interessantes *teoricamente* do que a inflação, mas, no quesito observacional, a questão ainda está em aberto. Ajudaria muitíssimo se conseguíssemos obter alguns dados para resolver essa dúvida de uma vez por todas.

Nossa melhor opção talvez seja encontrar indícios de *ondas gravitacionais primordiais*: ondulações em grande escala no espaço cuja origem seria não a fusão de buracos negros ou estrelas de nêutrons, mas a violência da época inflacionária, quando as primeiras sementes da estrutura cósmica foram cultivadas por tremulações quânticas no campo de ínflaton. Caso encontradas, essas ondulações provavelmente seriam o mais próximo que conseguiríamos chegar de ver a esquiva prova incontestável da inflação. Em 2014, por um breve momento, a comunidade de cosmólogos fervilhou de empolgação, quando os líderes de um experimento chamado BICEP2* anunciaram ter visto justamente sinais disso. Ao examinarem a polarização da luz da radiação cósmica de fundo em micro-ondas, eles observaram o que pare-

---

* A segunda iteração do experimento Imagem de Fundo da Polarização Cósmica Extragaláctica.

ciam ser imagens retorcidas, que só poderiam ter sido causadas por ondas gravitacionais distorcendo o espaço durante a época do incêndio primordial. Essas imagens foram apresentadas como uma descoberta tão revolucionária que o Prêmio Nobel estava praticamente garantido. Afinal, mesmo desconsiderando as consequências para a inflação, aquela era uma observação concreta de ondas gravitacionais (mais de um ano antes de o Observatório de Ondas Gravitacionais por Interferometria Laser registrar sua primeira colisão de buracos negros) *e*, devido à relação com tremulações quânticas, o primeiro indício já detectado da natureza quântica da gravidade.

Só que não era nada disso.

Alguns meses depois, físicos e astrônomos sem relação com o projeto BICEP2 realizaram análises independentes dos dados e constataram que as distorções poderiam ser inteiramente explicadas por algo muito mais banal: poeira cósmica comum, na nossa própria Via Láctea. Se *tivéssemos* descoberto ondas gravitacionais primordiais, sua existência contrariaria o modelo ekpirótico, pois esse modelo não inclui o terremoto universal inflacionário capaz de produzi-las. Infelizmente, a não detecção dessas ondas nos leva de volta à estaca zero. Embora a teoria da inflação diga que as ondas gravitacionais primordiais devem ter sido produzidas, a teoria não fala nada sobre elas serem *detectáveis*. Os modelos de inflação mais populares fornecem ondas gravitacionais consideráveis, mas é perfeitamente possível formular um que produza um sinal fraco demais para se misturar à confusão da poeira cósmica.*

---

* Tecnicamente, dependendo do modelo, também seria possível identificar um nível muito minúsculo de ondas gravitacionais primordiais no universo ekpirótico durante a fase de contração lenta. Mas elas seriam pequenas DEMAIS para aparecer em observações.

Assim, o fato de a poeira ter nos atrapalhado não prova que o sinal da inflação não existe, mas tampouco que existe.

De qualquer forma, talvez consigamos pistas em outras fontes. Pode ser que encontremos sinais a favor ou contra mundos-branas na busca por dimensões adicionais, ou que finalmente captemos indícios dessas ondas gravitacionais primordiais. Até ondas gravitacionais comuns podem fornecer pistas, seja mostrando um sinal que percorra o *bulk* (por meio de alienígenas interdimensionais ou não)* ou nos ajudando a mapear a estrutura do espaço-tempo a partir do que, em essência, seriam observações de como elas ricocheteiam. Segundo alguns estudos, dados de colisões de buracos negros já deram um banho de água fria em teorias relacionadas ao vazamento de gravidade em um vazio de dimensões maiores. Até o momento, nossos cálculos condizem com um universo simples, velho e sem graça apenas com três dimensões espaciais.

Independentemente de encontrarmos dimensões adicionais, a ideia de um universo cíclico provavelmente vai continuar despertando interesse como alternativa à inflação. Um dos motivos é o problema da entropia, a desordem em constante crescimento no universo que acabará levando a uma morte térmica. Podemos calcular a quantidade de entropia no nosso universo observável, e podemos olhar ao longo da história cósmica para determinar qual era o seu valor nos momentos iniciais, caso tenha tido um aumento constante ao longo do tempo de vida do cosmo. O resultado é que o universo provavelmente começou em um estado

---

* A ideia de que pode haver matéria na brana oculta já foi abordada na academia, mas, até onde eu sei, a detecção de colisões de buracos negros através do *bulk* não foi. Talvez isso demande especulação demais para qualquer estudo sério. Mas eu acho que parece legal.

de entropia espantosamente baixa — altamente ordenado — lá no início da nossa história cósmica. Para muitos cosmólogos, essa noção é extremamente perturbadora. Como é que a entropia teria sido estabelecida em um nível tão baixo no início? É como se nós entrássemos em uma sala sabendo que ninguém mais esteve ali antes e víssemos inúmeras fileiras de peças de dominó caídas no chão, tombadas uma em cima da outra, como se tivessem acabado de ser derrubadas em sequência. Como é que elas foram enfileiradas com tanto cuidado em primeiro lugar?

Uma grande vantagem de certos modelos de universo cíclico com ricochete é que eles oferecem uma oportunidade para atribuir essa entropia baixa inicial a algo que tenha acontecido antes do ricochete. A atualização mais recente do modelo ekpirótico, desenvolvida em conjunto por Paul Steinhardt e Anna Ijjas, explica a entropia baixa do universo primordial pegando toda a entropia de um pedacinho do universo pré-ricochete e definindo-a como a entropia inicial de todo o universo observável hoje.

Esse modelo novo (que é tão novo que surgiu enquanto este livro estava sendo escrito) tem algumas vantagens importantes em relação a versões anteriores da hipótese ekpirótica. Uma específica é que ele não precisa de dimensões espaciais adicionais nem de uma singularidade no momento do ricochete. Na verdade, a contração talvez seja relativamente branda — a redução do tamanho do universo poderia ser apenas pela metade. Os detalhes são complicados (obviamente), mas a ideia básica é que o ciclo decorreria da combinação de ingredientes no universo e da maneira como os observadores perceberiam sua evolução. Como já vimos, a contração/ricochete é impulsionada por um campo escalar que preenche o universo, não por uma colisão de branas.

Se esse modelo cíclico novo corresponder ao nosso universo, então, em algum futuro distante, começaremos a ver galáxias distantes pararem de se expandir e começarem, lentamente, a voltar para nós. A princípio, vai parecer a fase inicial de um Big Crunch, e a temperatura da radiação cósmica de fundo começará a subir de "fria" para "não tão fria" à medida que o cosmo fica um pouquinho mais cheio. Mas, assim que começarmos a pensar que talvez seja hora de nos preocuparmos, do nada seremos aniquilados, de forma súbita e espetacular, quando o campo escalar converter violentamente sua energia em radiação e der início ao próximo ciclo de Big Bang do universo.

Curiosamente, um aspecto que essa versão fresquinha do modelo ekpirótico tem em comum com a antiga é que ondas gravitacionais rebeldes poderiam ser uma espécie de sinal interuniverso. Na versão antiga, é concebível que algumas ondas gravitacionais sejam capazes de atravessar o *bulk* e alcançar outra brana. Nesta, como o cosmo nunca chega a ficar de fato pequeno durante o ricochete, as ondas gravitacionais poderiam passar de um ciclo para outro. A detecção desses sinais seria incrivelmente difícil, mas, se eles existirem, poderão nos fornecer pistas sobre um universo anterior ao nosso.

Cuidado com o espaço.

É claro que os modelos ekpiróticos não são a única maneira de deixar nossa dança cósmica mais saltitante.

Roger Penrose, um pioneiro da cosmologia moderna que transformou fundamentalmente a maneira como encaramos a gravidade no universo, tem sua própria sugestão de cosmo cíclico, em que nosso Big Bang nasceu a partir de um ciclo de morte térmica anterior. A ideia envolve juntar o espaço-tempo num futuro distante de um universo e a singularidade no início de outro. Durante décadas, Penrose foi uma das vozes mais proeminentes na cosmologia a destacar a seriedade do problema da entropia nas hipóteses estabelecidas para o universo primordial. E ele *não* acha que a inflação dá conta de explicá-la. Recentemente, ele me disse: "Quando ouvi falar dessa teoria, pensei na mesma hora que não iria durar uma semana".

O modelo alternativo de Penrose, chamado de Cosmologia Cíclica Conforme, postula que a entropia funciona de um jeito diferente nos arredores de singularidades. Se a conjectura estiver certa, é um indicativo de que a entropia seria muito baixa no limiar entre os ciclos que dão origem ao nosso universo, e isso não exigiria inflação. O modelo de Penrose também contém a possibilidade intrigante de que alguma impressão de eventos que ocorreram em ciclos passados pudesse aparecer em observações astronômicas, apresentando-se como características presentes na radiação cósmica de fundo em micro-ondas. Na verdade, Penrose e seus colaboradores afirmaram que já é possível identificar indícios dessas características nos dados, o que foi recebido com certa dose de ceticismo. Ainda não se sabe se essas possíveis pistas da RCFM algum dia serão consideradas um forte indicativo da existência de um universo pré-Big Bang.

Enquanto isso, Neil Turok, coautor do modelo ekpirótico, mudou o foco para se aprofundar em um modelo completamente novo do universo em que o Big Bang é apenas um ponto de transição. Essa proposta, desenvolvida por Latham Boyle, Turok e Kieran Finn, ex-aluno deles, toma impulso ao levar os argumentos da simetria na física de partículas a um nível cósmico; ela sugere que nosso universo e uma versão do cosmo invertida no tempo se encontram no Big Bang como se fossem as pontas de dois cones se encostando. Em um artigo recente, eles descrevem a imagem como "um par universo/antiuniverso, emergindo a partir do nada". É possível que uma singularidade de ponta de cone contenha sua própria solução para o problema da entropia, mas, no momento da escrita deste livro, o modelo e seus detalhes ainda estão em desenvolvimento. Contudo, ele faz algumas previsões específicas em relação à natureza da matéria escura, e, portanto, talvez seja possível testá-la experimentalmente em breve.

Então, o que fazemos agora? O Big Bang foi um evento especial ou apenas um ponto violento de transição? Nossa existência cósmica será interrompida dramaticamente quando outro universo nos esmagar feito um mata-moscas de dimensões maiores? Será que algum dia os dados da cosmologia ou da física de partículas revelarão a verdadeira natureza do espaço-tempo? Será que estamos perto de descobrir o que nosso futuro cósmico distante nos reserva? Ou ainda nos faltam novas informações para responder a essa pergunta de uma vez por todas?

Como será o fim?

Assim como tudo na ciência, nossa compreensão sobre o cosmo é um eterno trabalho em progresso. Mas esse progresso, nas últimas décadas, foi extraordinário, e novas descobertas vêm sendo feitas rapidamente. Ao longo dos próximos anos, a humanidade obterá ferramentas novas que nos proporcionarão uma visão sem precedentes de nossa história cósmica, permitindo que desvendemos nossas origens e abramos novas janelas para o Big Bang, a matéria e a energia escura, e nossa trajetória rumo ao futuro. No último capítulo *desta* história, vamos captar um vislumbre do que essas novas ferramentas podem nos mostrar e como os trabalhos na vanguarda da física já estão nos indicando um universo muito mais estranho do que jamais teríamos imaginado.

8. Futuro do futuro

É grande a ampulheta?
É profunda a areia?
*Eu nem devia querer saber, mas aqui estou.**
Hozier, "No Plan"

Em 1969, Martin Rees ainda não era astrônomo real, Lord Rees, barão de Ludlow. Era um cosmólogo fazendo pós-doutorado na Universidade de Cambridge, pensando no fim de todas as coisas e publicando um artigo de seis páginas intitulado "The Collapse of the Universe: An Eschatological Study" [O colapso do universo: Um estudo escatológico], que mais tarde ele descreveria como "bem divertido". Na introdução, Rees explicava que, embora os dados observacionais ainda fossem incertos, tudo indicava que "o universo está mesmo fadado ao colapso. Todas as características estruturais da paisagem cósmica seriam destruídas durante essa

---

* No original: "How big the hourglass?/ How deep the sand?/ I shouldn't hope to know, but here I stand". (N. T.)

compressão devastadora". Para Rees, parte da diversão do artigo foi calcular que, no colapso iminente, todas as estrelas serão destruídas por radiação ambiente, de fora para dentro. Quem não gostaria da ideia de estrelas pegando fogo?

Apesar dos argumentos de Rees a favor de um Big Crunch, os dados continuaram inconclusivos durante décadas. O universo era fechado (rumo à reimplosão) ou aberto (em eterna expansão)? Em 1979, Freeman Dyson, do Instituto de Estudos Avançados de Princeton, decidiu explorar o outro lado do argumento: "Não discutirei o universo fechado em detalhes, pois me dá um pouco de claustrofobia imaginar que nossa existência inteira está confinada a uma caixa". O modelo do universo aberto era uma alternativa espaçosa agradável. Em seu artigo "Time Without End: Physics and Biology in an Open Universe" [Tempo sem fim: Física e biologia em um universo aberto], ele calculou previsões quantitativas de possíveis significados de um universo aberto para a humanidade, elaborando um método pelo qual os seres do futuro poderiam, se regulassem suas atividades e entrassem em períodos de hibernação, escapar da aniquilação no futuro infinito enquanto o resto do cosmo se dissolvesse à sua volta.* Embora a maior parte do artigo seja constituída de cálculos e questões teóricas, a introdução contém algumas observações ríspidas a respeito do *establishment* da física e o injusto desprezo dirigido a todo o esforço de estudar o fim dos tempos no cosmo. "Aparentemente, o estudo do futuro remoto continua tão malvisto hoje em dia quanto o estudo do passado remoto era há trinta anos", escreveu Dyson, destacando a escassez de artigos

---

* Infelizmente, o único modelo de universo aberto que permite isso é um sem constante cosmológica, então até essa pontinha minúscula de esperança parece ter sido derrubada pelos dados recentes.

sérios sobre o assunto.* Em seguida, ele fez um chamado às armas para a cosmologia: "Se nossa análise do futuro distante nos leva a formular questões relacionadas ao grande sentido e propósito da vida, então devemos examiná-las com audácia e sem vergonha".

Eu não diria que a escatologia cósmica, depois de tanto tempo, finalmente recebeu o respeito que merece como disciplina acadêmica. Ainda é raro ver nos periódicos especializados em física artigos que explorem nosso destino final com o mesmo grau de rigor e profundidade dedicado às nossas origens. No entanto, estudos sobre as duas extremidades da cronologia nos ajudam, cada um a seu modo, a examinar os princípios de nossas teorias físicas. Além das perspectivas que podem proporcionar sobre nosso futuro ou passado, eles também nos ajudam a compreender a natureza fundamental da própria realidade.

"Quando pensamos no fim do universo, assim como no início, podemos apurar nosso raciocínio sobre o que achamos que está acontecendo agora e extrapolar. Acho que extrapolações são essenciais na física fundamental", disse Hiranya Peiris, uma cosmóloga da University College London. Em 2003, ela liderou uma das equipes que interpretaram a primeira observação detalhada da RCFM com a Sonda Wilkinson de Anisotropia de Micro-Ondas, e, desde então, se manteve na vanguarda da cosmologia observacional. Recentemente, Peiris tem se dedicado a usar dados observacionais, simulações e análogos físicos para testar alguns dos elementos cruciais da física dos universos primordial e tardio, como a criação de "universos-bolha" na inflação cósmica e a

---

* Por incrível que pareça, Dyson nunca submeteu o próprio artigo. O texto foi enviado em seu nome para a *Reviews of Modern Physics* por um amigo, que não lhe pediu permissão. Recentemente, Dyson me contou que "não achava que aquilo servia para ser publicado". Ele não considerava o artigo adequado para o periódico. "É tudo sempre uma questão de opinião", acrescentou.

mecânica por trás do decaimento do vácuo. Sua motivação para estudar todas essas questões é sempre a mesma. "Eu sei que esses períodos precisam ser compreendidos. Ainda não sabemos como o que estamos fazendo agora será capaz de mapear diretamente esses períodos, mas acho que vai nos ajudar a aprender algo da teoria fundamental."

Sem dúvida temos muito a aprender. Neste momento, a cosmologia e a física de partículas estão em uma situação complicada; em certo sentido, ambas foram vítimas do próprio sucesso. Em cada área, temos uma descrição de mundo muito precisa e abrangente que funciona extremamente bem no sentido de que ainda não encontramos nada que a contradiga. O problema é que não fazemos a menor ideia de *por que* ela funciona.

O paradigma dominante da cosmologia se chama modelo de concordância, ou ΛCDM. Nesse cenário, o universo tem quatro componentes básicos: radiação, matéria comum, matéria escura (especificamente, matéria escura "fria", ou CDM, no acrônimo em inglês) e energia escura em forma de constante cosmológica (representada em equações pela letra grega *lambda*, Λ). As quantidades desses componentes todos são medidas com precisão, e no momento a constante cosmológica é a que corresponde à maior parte do bolo cósmico. Temos uma boa noção de como todas essas coisas variaram ao longo do tempo, conforme o universo se expandia, e dispomos de uma descrição incrivelmente detalhada do universo muito primitivo que inclui um período de expansão muito rápida chamado de inflação. Também temos a relatividade geral de Einstein, uma teoria gravitacional consagrada pelo uso que, de acordo com o modelo de concordância, é tida como completamente correta. Nesse cenário, como a constante cosmológica está dominando a evolução do cosmo, podemos aplicar de forma bem direta nossa compreensão sobre a gravidade e os componentes do universo para determinar nossa evolução cósmica. Quando fazemos isso, vamos parar inequivocamente em uma morte térmica no futuro distante. E ponto final.

O problema do modelo de concordância é que os seus elementos mais importantes — a matéria escura, a constante cosmológica e a inflação — são um completo mistério. Não sabemos o que é a matéria escura; não sabemos como a inflação aconteceu (nem se de fato aconteceu); e não temos nenhuma explicação razoável para o motivo pelo qual a constante cosmológica existe ou por que ela assume um valor que parece contrariar nossa expectativa da física de partículas. Ao mesmo tempo, não encontramos nada nos dados para contradizer o modelo. Nenhum sinal de que a energia escura evolua de alguma forma (o que contrariaria uma constante cosmológica), nenhum sinal de que a matéria escura seja algo experimentalmente detectável (e nenhum sinal de que não seja), e, apesar de submetê-la a toda uma via-crúcis experimental, nenhum sinal de que a gravidade se comporte de forma diferente da relatividade geral de Einstein.

Andrew Pontzen, colega e coautor de Hiranya Peiris (e meu antigo companheiro de escritório em Cambridge), trabalha com os aspectos teóricos da matéria escura e é responsável por alguns dos esforços pioneiros para explicar por que a matéria escura assume a forma que tem nas galáxias. Ele defende que temos uma compreensão muito boa da cosmologia, considerando que nossos dados batem extremamente bem com um cenário que inclui matéria e energia escuras, e que parece improvável que apareça algo de repente para mudar esse cenário. Sabemos quanta coisa existe no cosmo e como essas coisas se comportam. Por outro lado, não sabemos como ligar a matéria e a energia escuras, que correspondem a 95% do universo, à física fundamental. "Então, nesse sentido, não compreendemos nada", diz ele.

Enquanto isso, a visão da física de partículas é frustrantemente parecida. Nos anos 1970, os físicos desenvolveram o modelo padrão da física de partículas para descrever todas as partículas conhecidas da natureza: os quarks que compõem prótons e nêutrons, os léptons, como neutrinos, elétrons e seus primos, e os assim chamados bósons de calibre, que atuam como intermediários e transportam as forças fundamentais entre partículas (o eletromagnetismo e as forças nucleares forte e fraca). Fora alguns pequenos ajustes, como trocar a ausência de massa em neutrinos por uma massa muito, muito pequena, o modelo padrão teve um sucesso fantástico, passando em todo e qualquer teste experimental. Ele até previu a existência do bóson de Higgs — a última peça do quebra-cabeça do modelo padrão. Desde então, nenhuma descoberta nos experimentos com partículas revelou algo que o modelo padrão não tivesse avisado que encontraríamos.

Quem vê até pensa que isso seria aclamado como um triunfo. A teoria funciona! Tudo acontece do jeito previsto!

Por que não estamos relaxando e curtindo nossa genialidade e o sucesso?

Porque, em alguns sentidos, essa é a pior das hipóteses. Por melhor que o modelo padrão seja em correspondência com os resultados experimentais, sabemos que, assim como o modelo de concordância para a cosmologia, devem estar faltando algumas peças muito importantes. Além de não ter absolutamente nenhuma explicação para a matéria ou a energia escura, ele tem alguns "problemas de sintonização" consideráveis — aquelas partes do modelo em que um parâmetro precisa estar beeeeem certinho, ou tudo desaba. Em um mundo ideal, teríamos uma base teórica para nos dizer por que um parâmetro é o que é. É desconcertante constatar que as únicas justificativas que temos para atribuir um determinado valor a um dado parâmetro são "caso contrário, vão acontecer coisas ruins" ou, pior ainda, "é o que a medição está dizendo".

Durante décadas, vivemos na esperança de que conseguiríamos avançar sem percalços desde a confirmação dos aspectos importantes do modelo padrão até a revelação dos limites de sua validade e a realização de novas descobertas com o modelo que desenvolveríamos para substituí-lo. Nos anos 1970, um modelo conhecido como supersimetria (SUSY, para simplificar) foi proposto para resolver alguns dos tropeços teóricos do modelo padrão, formulando hipóteses para novas associações matemáticas entre tipos distintos de partículas e explicando a estrutura confusa do modelo padrão e de seus parâmetros. E ele tinha também uma promessa tentadora: toda uma série de partículas novas ("parceiras supersimétricas" do conjunto do modelo padrão) que poderiam ser produzidas em colisões de partículas só um *pouco* mais poderosas do que as que os colisores da época eram capazes de realizar. A supersimetria também tem sido amplamente considerada um degrau rumo à teoria das cordas, a principal ideia na busca por unificar a gravidade e a mecânica quântica em uma coisa só.

Infelizmente, apesar de décadas de trabalho para aprimorar e incrementar o GCH, ainda não vimos qualquer sinal das partículas prometidas pela supersimetria. Alguns físicos ainda se agarram à esperança, propondo ajustes ao modelo para justificar a dificuldade de encontrar as partículas novas, mas, a certa altura, os ajustes ficam tão extremos que a supersimetria acaba apresentando tantos problemas teóricos quanto o modelo padrão. E o sinal nunca aparece. De vez em quando, alguma peculiaridade dos dados produz um furacão de entusiasmo e os físicos tratam de explicar por que determinado canal de detecção apresenta alguns eventos a mais do que o esperado. Mas, até o momento, nenhum desses desvios revelou algo além de uma anomalia estatística destinada a desaparecer nos dados seguintes.

Conversei sobre esse problema com Freya Blekman, uma física experimental que procura por assinaturas de coisas que transcendam o modelo padrão nos dados do GCH. "Faz vinte anos que trabalho nessa área e já vi uma boa quantidade de modelos populares nascerem e morrerem", disse ela. "Dependendo de com quem você fala, há pessoas que estão desiludidas [...] pessoas que passaram muito tempo ouvindo que deviam estar vendo algo. E os experimentos só veem o modelo padrão." Mas, na opinião dela, essa desilusão é indevida. Não porque as pessoas estejam deixando passar pistas que no fim das contas estão ali, mas porque nunca houve qualquer garantia de que esses experimentos encontrariam algo novo.

Ainda assim, a falta de um rumo a partir dos experimentos pode ser perturbadora — o bastante para fazer alguns pesquisadores abandonarem de vez a física de partículas e irem para a cosmologia. Um desses pesquisadores é Pedro Ferreira, um cosmólogo da Universidade de Oxford que trocou a gravitação quântica pela cosmologia durante o doutorado e agora estuda a radiação cósmica de fundo em micro-ondas e a relatividade geral na astrofísica com a esperança de conseguir uma compreensão melhor. "Não acontece nada de revolucionário na teoria de partículas que leve a resultados observacionais desde 1973", disse ele. Houve muitas ideias teóricas novas, e algumas são bem interessantes, mas, sem provas experimentais claras de que existe algo além do modelo padrão, é difícil saber quais serão os próximos passos ou quais das diversas propostas têm mais chance de estar certas. "Tem muita coisa bonita saindo. Mas resolvemos o problema da gravitação quântica? Acho que não. E o problema é: como saberíamos se tivéssemos resolvido?"

Felizmente, ninguém perdeu as esperanças. Falei com dezenas de cosmólogos e físicos de partículas sobre os rumos que isso tudo vai tomar (por "isso tudo", leia-se tanto a cosmologia/física teórica quanto o universo propriamente dito), e, embora não houvesse consenso sobre qual o melhor método, havia alguns temas em comum. Um era a diversificação: sejam quais forem os grandes experimentos multinacionais ou programas observacionais que decidirmos perseguir, é importante diversificar os métodos e bolar ideias que nos deem novas perspectivas sobre esses problemas antigos (e isso vale tanto para o lado da teoria quanto para o da coleta de dados). O outro era a importância de continuar coletando o máximo possível de dados novos e analisá--los de todas as formas possíveis.

Clifford V. Johnson, um físico teórico da Universidade do Sul da Califórnia, trabalha com teoria das cordas, buracos negros, dimensões adicionais do espaço e as sutilezas da entropia. Das pessoas que eu conheço, acho que é a que mais se aprofunda em teoria pura, e ele está *muito* empolgado com os dados de que dispomos hoje. "A sensação que eu tenho é de que talvez nos falte uma ideia genial, mas o que não faltam são imensas fontes de dados", disse ele. "E isso me lembra os tempos imediatamente pré-quantum, sabe?" Naquela época, várias teorias estavam surgindo, com muitas ideias um tanto vagas sobre a estrutura dos átomos e núcleos, mas nenhuma era lá muito convincente. "E aí conseguimos um monte de dados maravilhosos que, com o tempo, começaram a tomar forma. Não vejo motivo para isso não acontecer de novo. Se pensarmos na história da ciência, é assim que funciona."

Então vamos falar de dados. Do que estamos vendo e como, tanto na cosmologia quanto na física de partículas. O que isso pode nos dizer sobre a física do universo atual e sobre como tudo vai acabar no futuro. E, depois, vamos checar com os teóricos. Porque algumas das ideias que eles estão discutindo agora são completamente loucas.

UM TOQUE NO VAZIO

Se quisermos aprender algo sobre o futuro distante do cosmo, é melhor encararmos o bicho-papão assassino, gigantesco, invisível e em constante expansão: a energia escura. Quando se descobriu a expansão acelerada do universo, em 1998, esse novo paradigma nos lançou rumo a um futuro dominado pela energia escura: um futuro em que o cosmo fica cada vez mais vazio, frio e escuro, até todas as estruturas se degradarem e atingirmos a morte térmica definitiva. Mas isso é só uma extrapolação, baseada na premissa de que a energia é uma constante cosmológica eterna. Como já vimos, se a força responsável pela aceleração cósmica pertencer à categoria de energia escura fantasma, ou se ela mudar de alguma forma ao longo do tempo, as consequências para o cosmo serão drasticamente distintas.

Infelizmente, no que diz respeito às observações, a energia escura não nos fornece muito material. Até onde sabemos, ela é invisível, impossível de detectar por experimentos em laboratório, sua distribuição pelo espaço é completamente uniforme, e só percebemos sua existência pelos efeitos indiretos que ela exerce em escalas muito maiores que nossa galáxia.

De modo geral, podemos mensurar duas coisas. Uma é a história da expansão do universo, que, no momento, examinamos sobretudo através do estudo de supernovas muito distantes, descobrindo quão rápido elas estão se afastando. A outra é a história da formação de estruturas, termo genérico pelo qual nos referimos a galáxias e aglomerados de galáxias, porque, para os cosmólogos, coisinhas miúdas como estrelas e planetas são só detalhes irritantes. Esse tipo de mensuração é um pouco menos simples, mas proporciona várias formas criativas de usar amontoados imensos de dados. O segredo é obter imagens e espectros da maior quantidade possível de galáxias, espalhadas por um volume gigantesco de espaço (e uma grande porção da história do cosmo), e usar métodos estatísticos para deduzir como essa matéria toda se juntou ao longo do tempo. Em conjunto, essas duas formas de medição podem nos dizer como as propriedades de alargamento do espaço apresentadas pela energia escura afetaram o universo como um todo e até que ponto ela se contrapôs aos esforços da matéria de se agrupar e formar coisas como galáxias, aglomerados e seres humanos.

Quando só podemos mensurar duas coisas para determinar o DESTINO INTEIRO DO UNIVERSO, faz sentido investir bastante em mensurá-las muito, muito bem. Nas últimas décadas, houve uma onda de interesse por telescópios e estudos envolvendo a "energia escura". Alguns são concebidos em torno da promessa de usar medidas de expansão e crescimento de estruturas para determinar o parâmetro w da equação de estado da energia escura (apresentado no capítulo 5). Se w for exatamente igual a -1, agora e no passado, temos uma constante cosmológica, e, se o valor for diferente disso, em qualquer sentido mensurável, temos um monte de Prêmios Nobel. Mas, ainda que você não queira saber da energia escura, ou que seja da opinião pessimista de que estamos fadados a passar a eternidade nos aproximando de um jardim de possíveis valores para a constante cosmológica, saiba que astrônomos de todo tipo tendem a apreciar estudos sobre a energia escura, pois eles também servem como missões de coleta de dados de galáxias que podem ser utilizados com variados propósitos.

O iminente LSST (sigla em inglês para Grande Telescópio de Levantamento Sinóptico), rebatizado recentemente como Observatório Vera C. Rubin (VRO), é um exemplo fantástico. O VRO, um telescópio de 8,4 metros construído em uma montanha no meio do deserto chileno, captará imagens de alguns milhões de supernovas e 10 BILHÕES de galáxias, montando retratos de todo o hemisfério sul do céu a intervalos de alguns dias. Esse tipo de cobertura repetida é ótimo para estudos de supernovas, porque nos permite ver o aumento e o declínio do brilho de cada uma delas ao longo dos dias em que a explosão é visível. Mas é ótimo também para o estudo das galáxias, porque permite acumular imagens noite após noite e ver galáxias menos brilhantes e mais distantes.

(Só um comentário: estive recentemente num congresso sobre defesa planetária em que os palestrantes discutiram coisas como os tipos de observações necessárias para identificar asteroides perigosos que possam estar em rota de colisão com nosso frágil planetinha. O VRO, pelo menos para o hemisfério sul do céu, vai revolucionar nossa capacidade de captar com antecedência esse tipo de perigo, e talvez assim seja mais fácil pensar em formas de impedir impactos. Eu me divirto com a ideia de que, a partir de esforços para compreender a energia escura que vai acabar destruindo o universo, talvez tenhamos mais chances de, em uma escala muito menor de tempo, salvar o mundo.)

Qualquer que seja o propósito, o valor cosmológico do VRO não é pequeno, nem que seja apenas porque o acesso a volumes imensos de dados de qualidade nos proporciona uma excelente chance de encontrar algo novo e surpreendente. Segundo Peiris, o VRO vai mudar o jogo. "Estamos olhando para o universo de um jeito diferente do que se fazia antes", disse ela. "Todas as vezes que olhamos para o universo de um jeito que não tínhamos olhado antes, acabamos aprendendo coisas novas."

O VRO não é o único programa observacional novo empolgante. Temos uma série de novos telescópios e estudos em desenvolvimento, cada um com a pretensão de nos mostrar o cosmo de um jeito que nunca vimos antes. Entre os mais aguardados está uma classe de telescópios espaciais novos, como o Telescópio Espacial James Webb, o Euclid e o Telescópio de Levantamento Infravermelho de Campo Largo, que captarão imagens profundas e espectros na luz infravermelha, ajudando-nos a enxergar galáxias tão distantes que a luz que captaremos delas será completamente esticada da parte visível do espectro.

Até observatórios da radiação cósmica de fundo em micro-ondas estão entrando no jogo da energia escura. Vimos no capítulo 2 que o estudo da RCFM pode nos ensinar muita coisa sobre o universo primordial e as origens da estrutura cósmica. Na época em que a luz da RCFM foi emitida, a energia escura era completamente irrelevante no universo, e seus efeitos estavam totalmente soterrados pela densidade extrema de matéria e radiação. Então pode parecer surpreendente que observações da RCFM consigam render informações sobre como a energia escura atua hoje em dia. O detalhe é que toda estrutura cósmica que queremos estudar — toda galáxia, todo aglomerado de galáxias — se encontra *entre* nós e a RCFM, e a gravidade de cada um desses objetos distorce muito ligeiramente o espaço à sua volta.

Imagine uma foto de pedrinhas no fundo de um lago de água cristalina. Mesmo que você não saiba onde exatamente cada pedra deve estar, nem o formato exato delas, provavelmente é possível distinguir, com base nas distorções da aparência das pedrinhas, entre uma água muito parada e uma água com marolas, porque você tem uma ideia de como deveria ser a aparência geral das pedrinhas. Com a radiação cósmica de fundo em micro-ondas acontece algo parecido: nós a compreendemos tão bem que conseguimos distinguir, pelo menos em um sentido estatístico, as distorções minúsculas em sua luz provocadas por tudo que está entre ela e nós. O nome disso é lente de RCFM, e trata-se de uma ferramenta sensacional para estudar o crescimento da estrutura cósmica. Observatórios novos da RCFM nos ajudaram a refinar o método, mas já usamos a lente de RCFM para traçar um mapa de TODA A MATÉRIA ESCURA NO UNIVERSO OBSERVÁVEL. Tudo bem, o mapa é de resolução extremamente baixa, meio borrado, tipo um mapa-múndi recriado de memória e pintado com tinta guache usando os dedos, mas, ainda assim, só o fato de conseguirmos produzi-lo já é bem impressionante.

Renée Hložek, uma cosmóloga da Universidade de Toronto, usa a RCFM e levantamentos galácticos para compreender melhor nosso modelo cosmológico, concentrando-se particularmente na energia escura e no destino final do universo. Ela destaca que a combinação de dados provenientes de lugares como o VRO e os novos observatórios da RCFM se tornará especialmente forte à medida que cada conjunto de dados se aprimora. A partir de uma técnica chamada correlação cruzada, podemos pegar o que sabemos sobre as posições dos objetos individuais em catálogos de galáxias e comparar com o que sabemos sobre a distribuição de matéria em grandíssima escala graças à lente de RCFM. Isso pode nos fornecer resultados mais precisos, que farão com que seja mais difícil deixar passar qualquer desvio do modelo de concordância. Segundo Hložek, teorias alternativas que usam mudanças na gravidade para reproduzir os efeitos da energia escura parecerão muito diferentes com os dados combinados. "Basicamente, acho que os esconderijos vão acabar."

O que mais dá para ver de legal se tivermos imagens de bilhões de galáxias? Uma bem importante é o efeito de lente gravitacional forte, em que uma galáxia ou um aglomerado de galáxias distorce o espaço à sua volta com tanta intensidade que a luz de um objeto logo atrás se divide em várias imagens ou se espalha em torno dessa galáxia como um arco de luz. Imagine olhar uma vela acesa através da base de uma taça vazia de vinho — o vidro curvo distribui a luz em arcos largos ou em um círculo, em vez de exibir uma única chama. Quando uma lente gravitacional faz isso, as imagens individuais seguem trajetórias diferentes pelo espaço distorcido. Isso significa que, por exemplo, se uma supernova explodir na galáxia vista pela lente, pode ser que ela apareça em uma das imagens *antes* de aparecer na outra, porque a luz da segunda imagem seguiu uma trajetória mais longa até nos alcançar.

Além de serem um truque fabuloso para fazer em festas,[*] medições de intervalos de tempo como esse nos permitem medir de um jeito novo a taxa de expansão do universo, pois as distâncias relevantes são tão grandes que a expansão se torna um fator importante para os cálculos. E precisamos desesperadamente de jeitos novos de medir a taxa de expansão, porque nossos métodos atuais estão rendendo respostas estranhamente variadas.

Como você deve se lembrar do capítulo 5, se usarmos supernovas para mensurar a taxa de expansão (também conhecida como constante de Hubble), obtemos um determinado valor, e se medirmos pela RCFM, o valor é outro. Não conseguimos resolver essa contradição usando uma série de outras formas de mensuração, e os resultados geralmente ficavam mais perto de um lado ou do outro. (Um resultado muito recente apresentou algo mais ou menos no meio, mas de um jeito que, infelizmente, não batia com nenhum dos dois extremos.) Talvez a solução para

---

[*] "Está vendo aquela estrela ali? Ela vai EXPLODIR daqui a um ano. Mais ou menos quatro meses. Fica só olhando que você vai ver." (Adaptado livremente de Tommaso Treu et al., *The Astrophysical Journal*, 2016.)

esse problema esteja nas medidas de intervalos de tempo por lentes gravitacionais, porque, com o VRO, o número de sistemas que poderemos usar aumentará de um punhado para centenas. Medições de ondas gravitacionais com instrumentos como o LIGO (apresentado no capítulo 7) podem nos ajudar nisso também e, talvez, nos próximos dez anos, mais ou menos, atinjam a precisão necessária para finalmente resolver a questão.

NAS ASAS DA IMAGINAÇÃO

Uma das coisas que eu amo na cosmologia é o tanto de criatividade que ela exige, de esforço para pensar na física do universo por um caminho totalmente novo. Isso não é o mesmo que dar saltos de imaginação completamente descontrolados. Não dá para inventar coisas aleatórias. Mas o que se pode (e se deve) fazer é buscar o tempo todo novas formas de abordar problemas, para extrair um pouco mais de conhecimento dos dados que o universo tem a oferecer.

Esse tipo de raciocínio criativo adquire uma importância especial quando nos vemos diante de enigmas como "De que maneira podemos melhorar o modelo de concordância da cosmologia ou o modelo padrão?". Até o momento, para nossa frustração, tudo que tentamos tem batido com as previsões; onde vamos encontrar pistas que nos apontem para modelos novos se não conseguirmos quebrar alguma coisa no modelo atual?

Clifford V. Johnson é otimista e destaca que, talvez, essa carência de uma direção bem-definida faça bem para nós. "Eu não tenho como apontar para um negócio e falar 'Isso é o futuro!'", disse ele. "Só acho que a diversidade de coisas que fomos inspirados a fazer [...] provavelmente é saudável."

Portanto, estamos diversificando. Temos levantamentos de rádio tentando iluminar a Idade das Trevas cósmica entre o período da RCFM e a época das primeiras estrelas, com a esperança de revelar com mais clareza algum desvio da Cosmologia de Concordância. Existem novos tipos de detectores de ondas gravitacionais operando com técnicas tão diferentes quanto interferência quântica entre átomos e combinação de sinais captados de pulsares. Com eles, é possível que, indiretamente, consigamos obter informações sobre a maneira como os buracos negros se comportam ou sobre a física do universo primordial. Experimentos dedicados a descobrir novas formas de encontrar matéria escura podem nos mostrar como expandir o modelo padrão da física de partículas ou alterar a nossa abordagem da cosmologia. Estudos sobre a polarização da RCFM podem nos revelar sinais de inflação cósmica que transformem completamente o que sabemos sobre o universo primordial. Por outro lado, a ausência desses sinais pode inspirar mais estudos sobre alternativas à inflação, como cosmologias com ricochete. Experimentos de laboratório que examinam ideias alternativas sobre a energia do vácuo podem encontrar finalmente uma solução para o problema da energia escura se, no fim das contas, ela não for uma constante cosmológica. Talvez até seja possível, a partir de décadas de observações, medir a expansão do universo *diretamente* a partir da observação de uma fonte distante por tempo suficiente para que sua velocidade aparente de recessão mude.

Pedro Ferreira também está otimista com essa diversidade de opções. "Acho que isso tudo pode parecer muito especializado e minúsculo", disse ele, mas, se uma quantidade enorme de pessoas de repente começar a quebrar a cabeça, cada uma a seu modo, talvez isso seja exatamente do que estamos precisando. "Pode ser que, dessa explosão, alguém apareça com uma ideia. 'Ah! É assim que nós vamos descobrir o futuro.'"

Quanto tempo um programa desses vai levar é outra incerteza. Se só estamos tentando distinguir entre uma constante cosmológica e alguma outra forma de energia escura, então literalmente temos todo o tempo do mundo e mais um pouco. Não existe nenhuma teoria que diga que a energia escura é capaz de destruir nosso planeta antes que o nosso próprio Sol dê cabo de nós.

Mas o decaimento do vácuo já é outra história. O modelo padrão da física de partículas, o mesmo que passou em todos os testes experimentais em que conseguimos pensar, nos deixa em uma posição precária à beira da instabilidade universal total. Se isso é um risco real ou só uma peculiaridade da extrapolação de uma teoria incompleta, vai depender de com quem se está falando. (Só para constar, fiz essa pergunta a vários especialistas e recebi respostas que iam desde "isso nos diz que nossa teoria está errada" e "o risco é minúsculo" para "talvez a gente tenha tido sorte até agora". Entenda como quiser.) Seja como for, se quisermos dizer algo mais reconfortante do que "não adianta nada esquentar a cabeça, porque não vai doer",* vamos precisar de um tipo muito específico de dados.

Felizmente, temos uma boa noção de onde encontrá-los.

MÁQUINAS DE DESCOBERTA

Não existe nenhum lugar na Terra cuja reputação esteja associada de forma mais persistente, ainda que totalmente injusta, à destruição do cosmo do que o Cern. Mais conhecido como lar do Grande Colisor de Hádrons, o Cern é um vasto campus de

---

* Obrigada, José Ramón Espinosa, teórico de Madri e associado científico do Cern. Ajudou muito.

laboratórios e edifícios administrativos espalhados por um raio de cerca de seis quilômetros quadrados na fronteira da França com a Suíça, perto de Genebra. É, em essência, uma cidadezinha de fronteira curiosamente especializada, que tem seu próprio departamento de bombeiros e correio, além de laboratórios, oficinas de usinagem e uma verdadeira fábrica de antimatéria. Os físicos do Cern aceleram e esmagam prótons desde os anos 1950, muito antes da construção do GCH, realizando experimentos cada vez mais complexos e delicados em que partículas subatômicas são arrebentadas umas nas outras para que sua natureza possa ser examinada. Esses experimentos nos ajudaram a criar o modelo padrão da física de partículas, e, depois de mais de cinquenta anos de experimentação constante, ainda não encontramos nele nenhuma brecha larga o suficiente para enfiar uma partícula nova.

Mas o Cern continua tentando. E não só porque quebrar coisas é muito divertido.

O xis da questão nos colisores de partículas é energia. Quando se arremessam partículas umas nas outras a uma velocidade maior, a colisão acaba acontecendo a uma energia maior, e, quanto maior for a energia da colisão, maior será a gama de possibilidades para um novo tipo de física. Imagine que a energia da colisão seja um cheque que pode ser trocado, via $E = mc^2$, pela massa de partículas. Se a energia total de uma colisão for maior que a massa equivalente das partículas que você está tentando criar, então, desde que sua teoria permita *qualquer* interação entre essas partículas e as que você esmagou, há uma chance de as partículas serem criadas. Extensões do modelo padrão geralmente envolvem partículas consideravelmente mais pesadas do que as que já detectamos, o que significa que precisamos de energias cada vez mais elevadas para encontrá-las. Mas, mesmo se chegarmos ao limiar energético certo, será preciso mais de uma ocorrência de criação de uma partícula para obter um sinal relevante e estatisticamente representativo. O Grande Colisor de Hádrons teve que funcionar por anos e esmagar incontáveis trilhões de prótons* até juntar uma quantidade suficiente de dados que nos permitisse afirmar com um grau aceitável de segurança que um bóson de Higgs havia sido encontrado.

É essa constante expansão das fronteiras da energia que resulta na infeliz reputação do Cern como ameaça existencial. O raciocínio é que, se a humanidade nunca viu tanta energia concentrada em um lugar só, *quem sabe o que pode acontecer?* Alguns dos receios incluem as hipóteses perturbadoras que abordamos em capítulos anteriores, como a criação de pequenos buracos negros ou a ativação catastrófica de um decaimento do vácuo. Felizmente, em todos os cenários desastrosos concebidos até agora, podemos descartar os receios com tranquilidade, com base no fato de que o GCH não é nada comparado à violência avassaladora de partículas que acontece por todo o universo à nossa volta. Mas, na cabeça de certos não físicos especialmente temerosos, nem todo receio é tão bem-definido, nem neutralizado com tanta tranquilidade, embora o GCH venha operando de forma completamente inofensiva há mais de uma década. Quando visitei o Cern, em fevereiro de 2019, piadinhas de internet dizendo que o GCH abriria um portal para outra dimensão ou jogaria o universo em uma "linha temporal ruim", ainda eram uma constante.

O campus do Cern propriamente dito não é, de modo geral, um lugar muito impressionante. Depois que se passa do saguão

---

* Provavelmente algo mais próximo de 10^{15}, mas, por uma questão de princípio moral, não uso a palavra "quatrilhão".

de entrada estiloso, a sensação é de que se trata de um complexo industrial ligeiramente desgastado, uma mistura de edifícios baixos e sem graça dos anos 1960, com janelas fechadas por persianas escuras de metal. Cada edifício claramente numerado abriga seu próprio laboratório ou grupo de pesquisa, e as salas são identificadas por etiquetas de papel temporárias para atender à constante rotatividade da equipe de cientistas. Em todo o campus, a quantidade de físicos que fazem parte do quadro permanente do Cern não chega a cem, e o resto dos laboratórios e das salas é ocupado pelos milhares de pesquisadores visitantes do mundo inteiro, que passam desde uma semana até alguns anos dedicados ao intenso trabalho presencial necessário para manter os grandes experimentos em funcionamento. Andando pelos corredores compridos e mal iluminados de um desses prédios, você talvez até esqueça que está no complexo experimental mais famoso do mundo e imagine estar no departamento de física de uma universidade qualquer, espiando alunos de pós-graduação e pesquisadores de pós-doutorado teclando em laptops ou rabiscando equações e cronogramas de trabalho em lousas brancas.

Mas, quando você vê os experimentos, essa ilusão de normalidade se dissolve de vez em um instante.

Minha própria visita ao Cern se dividiu entre os dois extremos da organização. Em alguns dias, eu ficava acomodada tranquilamente em uma sala iluminada no segundo andar do departamento de teoria, lendo artigos e descansando na sala de chá, rabiscando equações e batendo papo com outros teóricos sobre o decaimento do vácuo e minha pesquisa sobre a matéria escura. Em outros, colocava um capacete na cabeça, seguia até uma passarela de metal a cem metros de profundidade e ficava admirando um cilindro de 25 metros de altura absurdamente complexo e cheio de instrumentos. Os experimentos realizados no Cern utilizam algumas das máquinas mais avançadas e precisas já desenvolvidas pela humanidade, projetadas e construídas por equipes de milhares de pessoas ao longo de décadas com o objetivo de provocar alterações minúsculas no deslocamento e na energia de partículas que se degradam em questão de microssegundos. Enquanto isso, teóricos tentam extrair de equações de complexidade comparável, ainda que abstrata, as consequências que esses experimentos sugerem para a natureza do espaço e do próprio cosmo. É um lugar doido.

Contudo, é também um lugar intensamente burocrático, por ser um instituto governado por tratados internacionais e administrado por uma coalizão de 23 países diferentes, abrigando pesquisadores de todos os cantos do planeta. Esse tipo de cooperação é necessário para um esforço de tamanha magnitude e custo, mas, devido à estrutura organizacional do Cern, o futuro da instituição e de qualquer experimento novo depende tanto de política internacional quanto de questões científicas. Durante minha visita, o assunto em pauta no refeitório não era o resultado animador de algum experimento novo, e sim uma série de editoriais de jornal debatendo os méritos da proposta do Cern de construir o Futuro Colisor Circular (FCC), um colisor de partículas tão grande que os 27 quilômetros do GCH serviriam apenas como pré-acelerador para aumentar a velocidade de prótons até eles poderem começar a circular no aro do FCC. Ele seria capaz de alcançar uma energia de até 100 TeV, que é aproximadamente uma ordem de magnitude acima do que hoje é possível com o GCH.

Como Freya Blekman comentou comigo durante a minha visita, os preparativos para esses experimentos demoram décadas, e os dados dos experimentos atuais podem consumir o mesmo tempo para serem analisados, então as conversas sobre o rumo para os próximos experimentos precisam acontecer agora. Vamos levar mais uns dez ou quinze anos para analisar completamente os dados que já estamos coletando com o GCH e seus futuros aprimoramentos. "Então o momento de decidir é agora", disse Blekman. "O que a gente quer? Um colisor de elétrons e pósitrons? Tem que ser linear? Tem que ser circular? Quais são os prós e contras de cada tipo? É melhor ir direto para um aparelho próton-próton de maior energia?"

As discussões a favor e contra mais colisores, especialmente o ambicioso FCC, às vezes ficam bem acaloradas. Mesmo sem levar em conta o custo (de cerca de 10 bilhões de euros, no mínimo), os debates persistem em torno da promessa — ou da falta dela — de que um colisor maior vá encontrar partículas novas. Pode ser que a misteriosa "nova física" que estamos procurando só apareça em energias tão altas que nem mesmo máquinas colossais como o FCC jamais seriam capazes de atingir. Ou pode ser que não adiante nada nos concentrarmos apenas em aumentar a energia, e que algum outro regime que ainda não exploramos esteja guardando uma pista para a nova física, talvez até nos dados que já temos.

Os pesquisadores com quem conversei no Cern insistiram que, para avançarmos, é fundamental aumentar a energia, mesmo que seja apenas para compreendermos melhor o modelo padrão. O que, afinal de contas, nos oferece o espectro do decaimento do vácuo. Se é para essa espada de Dâmocles ficar pendurada em cima da nossa cabeça, seria legal saber o que exatamente ela está fazendo ali.

André David, um pesquisador do GCH na colaboração Solenoide de Múon Compacto que me recebeu em minha visita ao detector, afirmou que uma das principais motivações para o FCC e experimentos semelhantes é o esforço para encontrar uma resposta a essa questão. "Um dos motivos por que as pessoas estão falando 'Ah, é melhor o colisor de 100 TeV' é que, assim, pelo menos, teremos a chance de resolver esse problema."

Como David destacou, já temos um quebra-cabeça na mesa: a natureza do campo de Higgs e o destino final dele (e nosso). Os dados que já obtivemos, e que estamos tratando de analisar, poderiam começar a delinear a natureza do Higgs em maiores detalhes, mas, com um colisor novo, talvez finalmente consigamos descobrir a verdade por trás da instabilidade que nos ameaça com o decaimento do vácuo.

O potencial de Higgs, como já vimos no capítulo 6, é a estrutura matemática que determina como o campo de Higgs evolui e se, o que é importante para nós, ele levará à nossa ruína. É, em um sentido muito concreto, o cálice sagrado da física de partículas. Mas, com as teorias atuais, temos muito pouca noção de que aparência ele tem. Com base em nosso conhecimento atual, sua forma depende consideravelmente da influência concorrente de diversos aspectos distintos e difíceis de calcular no modelo padrão, e, se existir alguma teoria de maior energia, pode ser que o cenário mude completamente.

Alguns pesquisadores com quem conversei, incluindo John Ellis, teórico do Cern (e principal defensor da supersimetria), desconfiam de que a aparente instabilidade do Higgs não seja bem uma ameaça existencial, mas um sinal de que a teoria tem algo que não entendemos.

José Ramón Espinosa, que estuda o decaimento do vácuo, quer encontrar um jeito de entender melhor o potencial de Higgs, e o que o nosso precário equilíbrio no fio da navalha da estabilidade significa, sem ter que esperar o surgimento de uma bolha de vácuo verdadeiro.* "Não há nenhum motivo para o potencial ser assim", disse ele. "Nós vivemos em um lugar muito, muito especial.

---

* Como Espinosa comentou, esse método seria especialmente indesejável, pois "não vai nos ensinar nada, já que nem vamos perceber quando acontecer".

Então, para mim, isso é meio intrigante; talvez esteja tentando nos dizer alguma coisa." Nossa capacidade de entender o potencial de Higgs acaba dependendo do que chamamos de *acoplamento* — as interações entre partículas e campos e a maneira como elas mudam em colisões de maior energia. "Talvez essa seja uma das principais mensagens do GCH, se não encontrarmos mais nada", disse Espinosa. "É claro que, se o GCH encontrar uma física nova, então muito provavelmente isso vai interferir com a realização dos acoplamentos. Aí, tudo é possível. Talvez o potencial seja estável, talvez seja mais instável ainda. Não sabemos."

Para além do pequeno (mas importante!) detalhe de determinar o destino do cosmo, se compreendêssemos melhor o campo de Higgs, poderíamos descobrir como a massa funciona ou por que as forças fundamentais se manifestam com os valores que mensuramos. E poderíamos até ver o caminho rumo a uma teoria que unificasse as forças ou entender a gravitação quântica.

Seria ótimo se as observações ou os experimentos nos ajudassem a melhorar a Cosmologia de Concordância ou o modelo padrão. Porque, no lado da teoria pura, as coisas estão ficando muito, muito esquisitas.

ATRAVÉS DE UM ESPELHO EMBAÇADO

Recentemente, vi uma foto em preto e branco de Paul Dirac, vencedor do Prêmio Nobel e pioneiro da mecânica quântica, posando com um machado por cima do ombro no terreno do Instituto de Estudos Avançados de Princeton. Durante suas muitas visitas ao local, entre as décadas de 1930 e 1970, ele tinha o hábito de caminhar pela mata atrás do instituto, abrindo trilhas novas para que os teóricos residentes pudessem caminhar por ali, conversar e pensar na natureza da realidade. Meu guia por essas mesmas trilhas lamacentas foi Nima Arkani-Hamed, o que parece adequado, já que ele é um teórico determinado a cair de machado em cima do que conhecemos hoje sobre a mecânica quântica e sobre toda a noção de espaço-tempo.

Arkani-Hamed vem trabalhando em uma forma de calcular as interações entre partículas com base em um arcabouço teórico completamente novo, que parte de um tipo de matemática abstrata que, a rigor, não inclui espaço e tempo. O trabalho ainda está em estágio inicial e, até o momento, se aplica mais a certos sistemas idealizados do que a resultados experimentais. Mas, se der certo, as consequências serão revolucionárias. "O que estamos vendo é ainda muito pequeno, coisa bem bebê, brinquedinho de criança, sabe? Você pode usar os diminutivos que quiser para falar de tudo o que está sendo realizado, e eu compreenderia perfeitamente", ele me diz. "Mas, seja como for, estão começando a aparecer um ou dois exemplos de sistemas físicos concretos e materiais não muito distantes daquilo que vemos no mundo real em que é mesmo possível descobrir como descrevê-los sem o espaço-tempo e a mecânica quântica." Digo a ele que estou tentando imaginar como seria viver em um universo onde o espaço e o tempo não são reais. Ele ri. "Bem-vinda ao clube."

Antes de você descartar essa ideia como o exagero de um teórico excêntrico, preciso dizer que Arkani-Hamed não é o único que vem falando desse jeito. "Você já deve ter ouvido isso de muita gente", Clifford V. Johnson me diz, cheio de tranquilidade, alguns meses depois, "mas acho que estamos melhorando nossa compreensão de algo que já vem sendo discutido pela teoria das cordas há muito tempo, que é a noção de que o espaço-tempo não é fundamental."

Ah, é. Esse pequeno detalhe. Claro.

Johnson aborda a questão por um caminho um pouco diferente. As teorias de gravitação quântica mostram algumas pistas intrigantes que sugerem associações inesperadas entre a física em escalas pequenas e grandes que não fazem sentido dentro da maneira como costumamos pensar sobre o funcionamento do espaço-tempo. Para simplificar as coisas, digamos que você esteja fazendo experimentos em um tipo de espaço hipotético com determinado raio, que vamos chamar de R. Os resultados desse experimento seriam idênticos aos experimentos realizados em um espaço menor, com raio igual a 1 dividido por R. Na teoria das cordas, isso se chama T-dualidade, e é uma coincidência tão esquisita que parece impossível que não esteja nos indicando algo profundo. "Se você fizer essa pergunta às pessoas", disse Johnson, "a resposta que elas vão dar é que, em algum sentido, nada disso é real. No sentido de que, ao desmontarmos o grande e o pequeno, na verdade o que estamos desmontando é toda essa história de espaço-tempo."

Alguns teóricos tentaram me tranquilizar. Sean Carroll, um cosmólogo do Caltech que nos últimos tempos vem se dedicando ao estudo das fundações da mecânica quântica, acha que estamos sendo um pouco afobados demais ao tratar o espaço-tempo como algo não exatamente real. "Ele é *real*, mas não *fundamental*", Carroll me disse. "Assim como esta mesa é real, mas não fundamental. É um outro nível de descrição que emerge, mas não significa que não seja real." Basicamente, não deveríamos nos preocupar demais com isso, porque não é que o espaço-tempo não exista, e sim que, se entendêssemos mesmo do que ele é feito, ele pareceria, em um nível mais profundo, algo completamente distinto.

Na verdade, isso não me tranquiliza.* Como física, sempre tento preservar alguma dose de frieza no que diz respeito à minha área, mas a noção de que o espaço-tempo só é real no sentido de que é algo sobre o qual podemos falar e nos apoiar, mas não no sentido de que é algo do qual o universo *é de fato constituído*, ainda me deixa com a sensação de que tudo pode ruir debaixo dos meus pés a qualquer momento.

Se isso tem alguma relevância para como ou quando o universo vai acabar, ainda não sabemos. Qualquer que seja a realidade do espaço-tempo, todos nós vivemos aqui, e o que acontece com o espaço-tempo fatalmente afeta todos nós. Mas, se pensar num espaço-tempo emergente ou em novas formulações de mecânica quântica nos leva a alguma teoria fundamental mais profunda, pode ser que isso transforme drasticamente nossa perspectiva. Talvez, como Johnson sugere, associações entre escalas pequenas e grandes possam indicar um novo destino para o cosmo. Ou talvez, se conseguirmos revisar a mecânica quântica, finalmente encontremos uma explicação para a energia escura. Mesmo se nos decidirmos por uma constante cosmológica e uma futura morte térmica, segundo Arkani-Hamed, ainda precisaremos de uma forte mudança nas teorias para ter condições de conversar sobre o que as flutuações quânticas podem fazer, considerando Cérebros de Boltzmann ou recorrências de Poincaré. "Para mim, é muito improvável que isso tudo seja explicado e compreendido dentro da mecânica quântica", disse ele. "Acho que precisamos da

---

* Outra coisa que Sean Carroll me disse foi que, se a interpretação dele para a mecânica quântica estiver certa, existem infinitas cópias nossas em universos paralelos que estão, neste instante, sucumbindo ao decaimento do vácuo. Então provavelmente ele não era mesmo a melhor pessoa para proporcionar algum conforto em um momento de crise existencial.

ajuda de alguma extensão da mecânica quântica para conversar sobre isso."

Também não se sabe até que ponto existe uma explicação para a natureza do nosso universo. Nos últimos dez anos, mais ou menos, os físicos vêm tentando lidar com o conceito de *paisagem* — um multiverso teórico de diversos espaços possíveis que poderiam ter condições drasticamente distintas do nosso. Se tal paisagem realmente existir, talvez as propriedades do espaço em que vivemos sejam meramente ambientais, e não determinadas por algum princípio profundo que nossa inteligência ainda não nos permitiu encontrar. Esse tipo de multiverso pode emergir de certas versões da inflação, em que universos-bolha novos se inflariam para todo o sempre a partir de um universo preexistente eterno. "A ideia de que somos a única solução do mundo não me parece certa", disse Arkani-Ahmed. "Mas, por outro lado, quando tentamos entender a paisagem, a inflação eterna, essas coisas todas, é um atoleiro tão grande que acho que toda a formulação do problema já começa errada." Até com uma paisagem de universos possíveis, o problema básico permanece. "Essas dúvidas de como aplicar a mecânica quântica à cosmologia existem quase desde o primeiro instante. Não são novidade. Já eram muito difíceis há cinquenta anos; continuam muito difíceis agora."

"Tenho plena convicção de que o que devemos fazer é reconstituir nossos passos", afirma Neil Turok, um teórico da cosmologia que vem procurando alternativas à inflação cósmica e que passou muitos anos como diretor do Instituto Perimeter de Física Teórica, no Canadá. "Volte, rebobine cinquenta anos e diga: 'Pessoal, estamos construindo em cima de areia.'"

A VISÃO DE LONGO PRAZO

A astrobiologia tem uma equação famosa chamada Equação de Drake. Teoricamente, ela é uma forma de calcular a quantidade de civilizações em nossa galáxia com as quais poderíamos nos comunicar. Tudo que precisamos fazer é introduzir na equação a quantidade de estrelas, dentre elas o subgrupo das que têm planetas, dentre elas o subgrupo das que têm vida, dentre elas o subgrupo das que têm vida *inteligente*, e por aí vai, e no final ela nos dá o número de mensagens que deveríamos esperar em nossa caixa de entrada interestelar. É claro que muitos desses valores inseridos, pelo menos a partir dos dados de que dispomos atualmente, são impossíveis de determinar, de modo que a resposta final não quer dizer muita coisa. Mas a utilidade da Equação de Drake consiste em nos fazer pensar em nossos *pressupostos* sobre a vida extraterrestre e perceber o que sabemos e o que não sabemos sobre toda essa questão.

Durante minha conversa com Hiranya Peiris, me ocorreu que a contemplação de nossa destruição cósmica final talvez seja mais ou menos a mesma coisa. Sugeri a ela que talvez estejamos fazendo um cálculo em que o valor final não importa, mas a conta, sim. "O número não tem importância", concordou ela, "mas acho que o exercício de refletir sobre as diversas opções disponíveis é bom." E as consequências desse exercício de reflexão podem valer a pena, no final. "Ele pode levar a alguma maneira legal de testar as hipóteses que não exija uma espera de 7 bilhões de anos."

Quanto tempo *temos* que esperar até algum avanço? Não sabemos (nem temos como saber). Neste momento, estamos explorando os limites do mapa. Muito otimista, Clifford V. Johnson acredita que estamos nos encaminhando para uma compreensão melhor e mais profunda da física, mas reconhece as limitações.

"Pode ser que, depois de algumas centenas de anos coletando um monte de dados até finalmente ver o sinal, olhemos para trás e percebamos que, ah, estava tudo debaixo do nosso nariz o tempo todo. É uma possibilidade irritante. Mas, para questões tão amplas como essas que estamos tentando responder, acho que tudo bem. Por que deveríamos alcançar respostas dentro do tempo de vida de um ser humano?"

Enquanto isso, vamos seguir em frente, abrindo trilhas novas pela mata para ver o que pode estar se escondendo. Algum dia, nas profundezas da selva desconhecida do futuro distante, o Sol vai se expandir, a Terra vai morrer, e o próprio cosmo vai acabar. Até lá, temos o universo todo para explorar, expandindo nossa criatividade até o limite para descobrir maneiras novas de conhecer nosso lar cósmico. Podemos aprender e criar coisas extraordinárias, e podemos compartilhá-las entre nós. E, enquanto permanecermos criaturas pensantes, jamais deixaremos de perguntar: "O que vem depois?".

Epílogo

"Mas se é impossível garantir que qualquer coisa que fazemos aqui vá durar, se até os melhores gestos só têm uma chance ínfima de viver mais do que nós mesmos, existe algum motivo para não desistir de uma vez?"
"Todos os motivos do mundo", disse Rudd. "Estamos aqui, e estamos vivos. A noite está linda, neste último dia perfeito de verão."
Alastair Reynolds, *Pushing Ice*

Martin Rees não está construindo nenhuma catedral.

Estamos na sala dele no Instituto de Astronomia da Universidade de Cambridge, em uma manhã ensolarada de junho, e ele está me dizendo que a humanidade como a conhecemos será esquecida. "Na Idade Média, os construtores de catedrais gostavam da ideia de construir catedrais que fossem sobreviver a eles, porque achavam que seus netos as apreciariam e viveriam vidas parecidas com as deles. Quanto a mim, acho que não temos isso." Rees tem alguma experiência com especulação sobre o futuro distante, já que escreveu livros sobre o futuro da humanidade e todas as diversas maneiras como podemos nos destruir sem querer. Segundo ele, a evolução, no sentido cultural e tecnológico, está acelerando com tanta rapidez que, qualquer que seja a inteligência dominante nos próximos séculos ou milênios, não temos como prever o que ela será. Mas podemos ter certeza de que ela não vai dar a mínima para nós. "Acho que deixar um legado para daqui a cem anos é hoje uma ambição mais ousada do que teria sido para nossos antepassados", diz ele.

"E você fica incomodado com isso?", pergunto.

"Fico muito incomodado. Mas por que o mundo haveria de ser do jeito que a gente gosta?"

É impossível considerar seriamente o fim do universo sem aceitar o que isso significa para a humanidade. Mesmo que você ache que o ponto de vista de Rees é pessimista demais, qualquer linha temporal de extensão limitada precisa ter um momento em que nosso legado como espécie... acaba. Por mais que usemos o conceito de legado para racionalizar e aceitar nossa própria morte pessoal (talvez deixando filhos, ou grandes obras, ou conseguindo transformar o mundo em um lugar melhor, de algum jeito), nada sobreviverá à destruição definitiva de tudo. Em algum momento, no sentido cósmico, nossa vida não terá a menor importância. O universo, provavelmente, se dispersará em um cosmo frio, escuro e vazio, e tudo o que tivermos feito será absolutamente esquecido. O que isso significa para nós agora?

Hiranya Peiris resume em uma única palavra: "triste".

"É muito deprimente", diz ela. "Não sei mais o que falar sobre isso. Dou palestras em que sugiro que provavelmente o universo está fadado a esse destino, e já vi gente chorando."

De fato, a questão estimula reflexões sobre perspectiva. "Acho bem intrigante que o universo tenha produzido um período muito interessante em que muita coisa acontece", diz ela. "No entanto, parece que um período muito maior de absoluta escuridão, absoluto frio, nos aguarda. É horrível. Eu mesma me considero, por esse ponto de vista, uma pessoa muito sortuda, por viver dentro do punhado de anos da cosmologia em que estamos descobrindo isso tudo pela primeira vez."

"Por um instante, isso me deixa triste", concorda Andrew Pontzen. "Mas então eu começo a me angustiar com nossos problemas de agora aqui na Terra e penso: 'Ah, deixa disso'. Temos problemas muito mais sérios do que a morte térmica do universo. Acho que isso me faz pensar nos problemas que enfrentamos como civilização em uma escala de tempo muito menor. Se devo me preocupar com alguma coisa, que seja com isso, não com a morte térmica."

Pontzen continua:

"Acho que não tenho exatamente um vínculo emocional com a morte do universo. Só com a morte da Terra. Não ligo para o fato de que vou morrer daqui a, sei lá, cinquenta anos, mas não quero que a Terra morra daqui a cinquenta anos."

Eu me identifico muito com essa visão. Em termos das coisas com que realmente devemos nos preocupar, a morte térmica, ou o decaimento do vácuo, ou o Big Rip, ou seja o que for, não pode ser a primeira coisa da lista (e, de qualquer forma, não podemos fazer absolutamente nada a respeito disso). Como seres vivos, é natural que nos importemos mais com nossa própria vida — e com a vida de quem está perto de nós no espaço e no tempo — e, de modo geral, deixemos para lá o futuro cósmico inconcebivelmente distante.

Mas, pessoalmente, ainda acho que existe uma grande diferença, num sentido emocional, entre "vamos existir para sempre" e "não vamos". Nima Arkani-Hamed também acha. "No fundo, bem lá no fundo, […] quer as pessoas admitam explicitamente que pensam nisso ou não (e, se não pensarem, azar o delas), […] se você acha que existe algum propósito para a vida, então eu pelo menos não sei que propósito seria esse se não tiver relação com algo que transcenda nossa mera mortalidade", diz ele. "Acho que muita gente, de alguma forma — repito, seja de forma explícita ou implícita —, faz ciência ou arte ou seja o que for por causa da noção de que é mesmo possível transcender algo. A gente toca em algo eterno. Essa palavra, 'eterno', é muito importante. É muito, muito, muito importante."

Freeman Dyson tinha esperança de descobrir uma forma de preservar a vida inteligente para todo o sempre. Seu artigo de 1979 propunha um jeito de propagar uma espécie de máquina inteligente em um futuro infinito, usando um método que envolvia a desaceleração constante do processamento e uma hibernação intermitente. Infelizmente, seus cálculos foram feitos a partir da premissa de que a expansão do universo não acelerava, e, agora, parece que acelera. E, se essa aceleração continuar, o plano de Dyson não vai dar certo. "Seria lamentável", admite ele. "Quer dizer, a gente precisa aceitar o que a natureza oferece, assim como o fato de que nossa vida tem duração limitada. Não é nada tão trágico. Em muitos, muitos sentidos, isso deixa o universo mais interessante. Ele está sempre evoluindo para algo diferente. Mas uma duração limitada para tudo [...] talvez seja o nosso destino. De qualquer forma, eu certamente preferiria que a evolução pudesse continuar para sempre."

Quem sabe? Talvez haja algum sentido em que ela continue. Roger Penrose acha que existe uma opção melhor. Ele passou os últimos dez anos, mais ou menos, desenvolvendo sua Cosmologia Cíclica Conforme, que postula um ciclo no universo que vai do Big Bang à morte térmica, repetidamente, por todo o sempre, com a possibilidade instigante de que algo — alguma impressão de um ciclo anterior — possa sobreviver à transição. Por enquanto, diz ele, a ideia de que algo possa persistir e conter informações significativas sobre quaisquer seres conscientes é mera especulação, mas as implicações dessa possibilidade seriam profundas. "Eu não estou dizendo de maneira alguma que é isso que eu penso, mas, em alguns aspectos, acho menos deprimente [...] que, talvez, depois da morte, seja concebível a possibilidade de algum legado."

Ou talvez a possibilidade de uma paisagem de multiverso possa nos consolar. Jonathan Pritchard, um cosmólogo da Imperial College London cujo trabalho já explorou desde a inflação cósmica até a evolução das galáxias, vê esperança na ideia de que, em alguma região distante e isolada, talvez algo continue existindo muito depois de nós virarmos calor residual. "Em algum lugar, existe um multiverso onde há sempre algo acontecendo", diz ele. "Em termos emocionais, gosto muito dessa ideia."

Mas *nós* ainda morremos, digo.

Ele não se abala.

"Ora, o universo não gira em torno de nós."

Se não tivermos como entrar para a festa do multiverso, pelo menos nossa morte iminente pode fazer bem para a física. Neil Turok destaca que a perspectiva de um fim dos tempos no futuro, junto com a existência de nosso horizonte cósmico, impõe limites rígidos ao universo, e esses limites são úteis para o problema de compreendermos tudo. Uma onda de luz que atravessa um universo limitado em expansão acelerada passa por uma quantidade limitada de oscilações, mesmo rumo ao futuro infinito. "Na prática, nós vivemos dentro de uma caixa, certo? E essa caixa é finita. Se isso for verdade, acho que assim é melhor, porque teríamos como compreendê-la. O problema de compreender o universo fica muito mais fácil quando ele é finito", diz Turok. "Finito em relação ao passado, finito em relação ao espaço, por causa do horizonte, e finito em relação ao futuro, porque tudo vai oscilar uma quantidade finita de vezes. Uau! Quero dizer, isso é compreensível. Sou uma pessoa naturalmente otimista, mas acho que o mundo é a nossa ostra."

Se o universo vai acabar, de uma forma ou de outra, reconheço que o melhor a fazer é aceitar. Pedro Ferreira está bem mais adiantado que eu nesse sentido.

"Acho ótimo", diz ele. "Muito simples e limpo. Nunca entendi por que as pessoas ficam tão deprimidas com o fim, com a morte do Sol e tal. Gosto da serenidade da coisa toda."

"Então você não se incomoda com a ideia de que, no fim das contas, não vamos deixar nenhum legado no universo?", pergunto.

"Não, nem um pouco", diz ele. "Gosto muito da nossa efemeridade. [...] Sempre gostei", continua. "O importante é a transitoriedade da coisa. É o fazer. É o processo. É a viagem. Que importa o lugar onde a gente vai parar?"

Confesso que eu ainda me importo. Estou tentando não ficar obcecada com isso, com o fim, a última página, o final deste grande experimento da existência. *É a viagem*, repito para mim mesma. É a viagem.

Talvez exista algum consolo no fato de que, haja o que houver, não é culpa nossa. Para Renée Hložek, isso definitivamente é uma vantagem.

"Eu adoro o fato de que meu trabalho, mesmo se eu fizer tudo à perfeição e for uma cientista incrível, não vai mudar em nada o destino do universo", diz ela. "Só estamos tentando compreendê-lo. E, mesmo se o compreendermos, não há nada que possamos fazer para mudá-lo. Acho que, mais do que assustador, isso é libertador."

Para Hložek, a morte térmica não é deprimente, nem tediosa. Ela diz que é "fria e bonita", "como se o universo se organizasse".

"O que eu espero que seus leitores entendam é que a mente humana é capaz de usar observações da luz — e/ou de ondas gravitacionais, mas sigamos só com a luz por enquanto — e cálculos matemáticos relativamente simples para fazer inferências incríveis sobre a imagem do universo", diz Hložek. "E, mesmo se não tivermos como fazer nada para alterá-lo, esse conhecimento [...], mesmo se esse conhecimento desaparecer, se todos os seres humanos morrerem, esse conhecimento de agora é incrível. Basicamente, é por isso que eu faço o que faço."

Acho que entendo o que ela quer dizer. Eu gostaria de desvendar os segredos do universo, mesmo se não tivesse como compartilhar esse conhecimento ou preservá-lo? Sim, gostaria. Parece importante. "Existe um propósito para isso, mesmo que ele se perca."

"Porque isso transforma a pessoa que você é agora, né?", concorda Hložek. "Eu fico encantada de pensar que vivemos em um momento do universo em que podemos ver a energia escura sem sermos dilacerados por ela. Então, a ideia é compreendê-la, apreciá-la e, depois... 'até mais, e obrigado pelos peixes'. Legal."

Legal.

Agradecimentos

Eu nunca imaginei que viraria escritora, e jamais teria conseguido escrever este livro se não fosse pela ajuda de muito mais gente do que consigo listar. Vou tentar mencionar um conjunto bem pequeno dessas pessoas aqui, mas, ao longo dos últimos anos, recebi muito mais apoio e conselhos de inúmeros amigos e colegas do que eu seria capaz de retribuir. Se você for uma dessas pessoas, quer seu nome apareça aqui ou não, por favor, aceite minha gratidão por tudo que você fez, e saiba que este livro também é parcialmente seu. (Tomara que você goste!)

Quando comecei a escrever este livro, eu só tinha uma vaga noção de que podia espalhar algumas palavras no papel, e que alguém, quem sabe, um dia, pegaria para ler. Felizmente, ao longo de todo o processo, contei com a habilidosa orientação, a incrível paciência, o profissionalismo e o incentivo de Mollie Glick, minha agente literária, e de toda uma equipe apaixonada de artesãos de livros na Scribner. Sou especialmente grata a Daniel Loedel, pelas observações e alterações que aperfeiçoaram e moldaram consideravelmente o original deste livro, e a Nan Graham, por acreditar que eu tinha capacidade para escrever. Agradeço também a Sarah Goldberg, Rosaleen Mahorter, Abigail Novak e Zoey Cole, da Scribner, e Casiana Ionita, Etty Eastwood e Dahmicca Wright, da Penguin UK, que trabalharam sem parar nos últimos meses para levar este livro para o mundo. Agradeço ainda a Nick James pelas ilustrações maravilhosas que aparecem nestas páginas e a Laurel Tilton e Ana Gabela pela ajuda com a organização.

Uma das maiores alegrias desse processo foi ter uma desculpa perfeita para interagir e falar de ciência com uma quantidade imensa de físicos e astrônomos sensacionais que influenciaram a maneira como eu penso sobre o cosmo. Por me darem atenção e ouvirem minhas muitas, muitas perguntas, agradeço a Andy Albrecht, Nima Arkani-Hamed, Freya Blekman, Sean Carroll, André David, Freeman Dyson, Richard Easther, José Ramón Espinosa, Pedro Ferreira, Steven Gratton, Renée Hložek, Andrew Jaffe, Clifford V. Johnson, Hiranya Peiris, Sterl Phinney, Roger Penrose, Andrew Pontzen, Jonathan Pritchard, Meredith Rawls, Martin Rees, Blake Sherwin, Paul Steinhardt, Andrea Thamm e Neil Turok. Por terem se oferecido para ler diversos capítulos e pelas opiniões extremamente úteis que me deram, estou em dívida com alguns desses astrônomos e físicos, mas também com Adam Becker, Latham Boyle, Sébastien Carrassou, Brand Fortner, Hannalore Gerling-Dunsmore, Sarah Kendrew, Tod Lauer, Weikang Lin, Robert McNees, Toby Opferkuch e Raquel Ribeiro. Quaisquer erros que ainda houver no texto (e tenho certeza de que são muitos) são resultado da minha própria dificuldade de sintetizar adequadamente a sabedoria coletiva considerável de todos esses indivíduos.

Embora os físicos possam ter sofrido o maior baque das minhas dúvidas técnicas, passei grande parte dos últimos dois anos atormentando constantemente quase todo mundo que eu conheço com perguntas, rascunhos, pedidos de conselho, apreensões e uma obsessão geral por tudo que fosse relacionado ao livro. Agradeço profundamente a meus amigos e familiares pela paciência, e a todos os escritores que conheço por me oferecerem suas perspectivas sobre o ato da escrita e o mundo editorial. Obrigada à minha família (especialmente minha mãe e Jennifer, minha irmã) pelo incentivo e apoio a vida toda e por me permitirem encher as reuniões de família com conversas sobre ciência e o livro. Obrigada a Mary Robinette Kowal, pelas dicas de escrita e sugestões de título; a Doron Weber, pelo apoio à minha investida nesse espaço novo de contato com o público; a Daniel Abraham, Dean Burnett, Monica Byrne, Brian Cox, Helen Czerski, Cory Doctorow, Brian Fitzpatrick, Ty Franck, Lisa Grossman, Robin Ince, Emily Lakdawalla, Zeeya Merali, Rosemary Mosco, Randall Munroe, Jennifer Ouellette, Sarah Parcak, Phil Plait, John Scalzi, Terry Virts, Anne Wheaton e Wil Wheaton pelos conselhos extremamente úteis sobre a escrita de livros; a Charlotte Moore, Brian Malow e o pessoal da LA Nerd Brigade pelo incentivo e *brainstorming* constante; e a Andrew Hozier Byrne, tanto pela inspiração quanto pela trilha sonora arrasadora.

Como professora em processo de obtenção de *tenure*, eu jamais teria ousado sequer começar este projeto se não fosse pelo apoio da Universidade do Estado da Carolina do Norte, cujo programa inovador Leadership in Public Science Cluster me permitiu traçar uma trajetória acadêmica que possibilita um contato com o público. O Departamento de Física e a Faculdade de Ciências foram maravilhosos e me ajudaram a dar um jeito de equilibrar as funções de escritora, pesquisadora, mentora e professora.

As pesquisas para este livro me deram a oportunidade de viajar para diversas instituições, interrogar outros físicos e ganhar uma perspectiva nova sobre qual é o propósito dessa empreitada toda. Pela hospitalidade com que me receberam durante minhas visitas, agradeço especialmente ao pessoal do Cern, do Instituto de Estudos Avançados de Princeton, do Instituto Perimeter de Física Teórica, do Centro de Física de Aspen, da Imperial College London, da University College London, do Instituto Kavli de Cosmologia de Cambridge e do Instituto Beecroft de Oxford.

E, por fim, um agradecimento especial para os funcionários incríveis do Jubala Coffee, na Hillsborough Street, onde a maior parte deste livro foi escrita. O chá verde e o mingau de aveia de vocês me deram vida.

Índice remissivo

As páginas indicadas em itálico referem-se às ilustrações

Aguirre, Anthony, 123
Albrecht, Andreas, 123, 126
alvorada cósmica, 64-5
anãs brancas: crescimento e explosão de, 93 (*ver também* supernovas tipo Ia, explosão de); Limite de Chandrasekhar e, 151; mensuração de distância com, 152-3; pressão de degenerescência dos elétrons e colapso das, 149-50
Andrômeda, galáxia, 68-9, 81, 110
ano-luz, unidade de, 29
antimatéria: Cern e, 229; desequilíbrio entre matéria e, 193; era quark e distinção entre matéria e, 60
Aristóteles, 14
Arkani-Hamed, Nima, 236, 238, 245
Askaryan, efeito, 161n
astronautas e efeito panorama, 18

Beauvoir, Simone de, 14

Bekenstein, Jacob, 115
Big Bang, 34-9, 46-67: abundância de elementos como validação do, 61-2; brilho residual do, 54, 82-3; corpo humano feito de subprodutos do, 62; crescimento da inflação cósmica e, 54; era GUT e, 51-3; expansão cósmica iniciada pelo, 15, 79; expansão do universo e, 15; fase do plasma de quarks e glúons no, 58, 60; lógica da teoria do, 34-6; noção popular do, 34; nucleossíntese durante o, 61-2; par universo-antiuniverso no, 209; pesquisa de Hawking sobre o, 23, 115-6; problema da uniformidade no, 54, 56; processo de reaquecimento no, 57; questão do que havia "antes", 47; radiação cósmica de fundo em micro-ondas e, 36-9; recuando na história do universo até o, 36; singularidade no início do, 47-51; su-

perfície do último espalhamento no, 63-4; tempo de Planck e o, 50, 51, 53
Big Bang Quente: campo de ínflaton e, 200; condições para recriação do, no GCH, 158; descrição e faixa de tempo do, 36; formação de buracos negros no, 182; radiação cósmica de fundo em micro-ondas e, 64
Big Crunch, 68, 80-6, 155; densidade crítica no, 88-9; impacto do, 81-2; medição de distâncias cósmicas e a possibilidade do, 89-90; mensuração de desvios para o vermelho e o azul antes do, 81; sinais do colapso iminente no, 80-1; universos cíclicos e, 85
Big Rip, 129, 245; cálculo da data possível mais próxima para o, 140, 155; cronograma para o, 140; energia escura fantasma e o, 141; forças eletromagnéticas e o, 139; órbitas de planetas e o, 138; perda de galáxias e o, 137-8; processo de destruição no, 137-9; sistemas estelares e o, 138
Blekman, Freya, 218, 232-3
bolha de vácuo, 185
bóson de Higgs: descoberta do, no GCH, 158, 162; distinção entre campo de Higgs e, 163; mensuração da massa do, 171; modelo padrão da física de partículas e, 159, 162-3, 170, 216; "Partícula de Deus", nome popular para, 162
Boyle, Latham, 209
branas, em modelos ekpiróticos, 196-204
buracos negros: astronomia de ondas gravitacionais sobre, 189, 206; Big Rip e, 139; cálculos de evaporação de Hawking em, 111, 182-3; colisão da Via Láctea e da galáxia de Andrômeda e, 68, 70; decaimento do vácuo e, 181-4; entropia associada a, 115-6; estudos de cosmólogos sobre os, 22-3; expansão cósmica e, 79; impacto do Big Crunch e, 82; morte térmica e, 118; ondas gravitacionais primordiais e, 204; partículas virtuais e, 117-8; pesquisas de Hawking sobre, 23; processo de evaporação em, 22, 111, 118-9, 174, 182-3
Burke, Bernard, 39

Caldwell, Robert, 135-6, 140
campo de Higgs, 234; barreira de potencial e, 180; decaimento do vácuo e, 174-5, 177; distinção entre bóson de Higgs e, 163; inflação e, 203; potencial do, 171, 173, 177, 235; simetria eletrofraca e, 170, 172; tunelamento quântico e, 179; universo primordial e, 163, 165; vácuo falso e, 173
campo de ínflaton, 200, 204
campo escalar, em modelos ekpiróticos, 203, 207
características de padrão de espectro, na identificação de estrelas, 41, 73-5
Carroll, Sean, 123, 127, 237
Cérebro de Boltzmann, problema do, 125-6, 238
Cern (Organização Europeia para a Pesquisa Nuclear), 157, 228-34
Chandrasekhar, Subrahmanyan, 150-1
Coleman, Sidney, 185
colisões de raios cósmicos: buracos negros e, 184; decaimento do vácuo

e, 162; estudo da Lua sobre, 161; receios do público sobre a segurança dos colisores e, 160
Colisor Relativístico de Íons Pesados (RHIC): possibilidade de decaimento do vácuo e, 162; receios do público sobre, 159-60, 162; recriação do plasma de quarks e glúons no, 60
colisores de partículas, 64; decaimento do vácuo e, 184; estudo da física de partículas com, 164-5; estudo do universo primordial com, 163; experimentos da teoria da gravidade e, 193; receios do público sobre, 157-62; recriação do plasma de quarks e glúons em, 60; segurança dos, 158
condição de energia dominante, 135
constante cosmológica: densidade ao longo do tempo, 120, 136; energia escura e, 102, 112, 119, 128, 131-5; erro de cálculo da energia do vácuo e, 101; fim do universo e, 103, 119; medida da velocidade da expansão cósmica com, 98-103; pesquisa inicial de Einstein sobre, 98-100
Copérnico, Nicolau, 30
cosmologia: conceito de "agora" ao observar eventos na, 30, 32; livros e palestras de Hawking sobre, 23; passado visto na, 28; progresso de eventos astronômicos observado na, 28; variedade de significados da, 21-2; vislumbre dos mecanismos do universo, 19
Cosmologia Cíclica Conforme, 209, 227, 235
curva do corpo negro, 42-4, 43

curvatura em grande escala do universo, 96

David, André, 233
De Luccia, Frank, 185
De Sitter, Equilíbrio de, 123, 125
De Sitter, espaço de, 119-20, 123
decaimento do vácuo, 157, 171-85, 245; barreira de potencial e, 177; bolha de vácuo verdadeiro no, 174-5, 176; buracos negros e, 181-4; colisores de partículas e a possibilidade de, 162; evento de alta energia e, 177-8; modelo padrão da física de partículas e, 186; possibilidades teóricas da ocorrência de, 177; potencial e, 171; tempo do, 175, 184-5; tunelamento quântico e, 178-81; vácuo falso e, 173
defeito topológico, 168n
Dicke, Robert, 36, 39
Dirac, Paul, 235
Dyson, esfera de, 127n
Dyson, Freeman, 127, 212, 246

Eddington, Sir Arthur, 151
efeito Doppler, 72-3
efeito panorama, 18
Einstein, Albert, 134; constante cosmológica e, 98-100; encurvamento do espaço em volta de qualquer coisa com massa e, 87, 132; teoria da gravidade de (teoria da relatividade geral), 20, 22, 47, 85, 87, 96, 98-9, 150, 189
eletromagnetismo, 167, 196, 216; campo de Higgs no universo primordial e, 163, 165; era quark no universo

primordial e, 59; expressão matemática do, 167; matéria escura e, 87; teoria da grande unificação e, 52, 58
Ellis, John, 234
energia escura, 186; condição de energia dominante e, 135; constante cosmológica e, 102, 112, 119, *120*, 128, 131-5, *136*; efeito gravitacional da pressão e, 132; energia escura fantasma e, 135-7, *136*, 139; expansão cósmica, 107, 110, 119, *120*, 133, *136*; explosões de supernovas tipo Ia e, 152; mensuração da, 130; morte térmica e, 139; motivos para estudar, 130; parâmetro da equação de estado para, 133, 139, 221; pressão negativa e, 132, 134; radiação cósmica de fundo em micro-ondas e, 223; taxa de expansão no passado e, 141
energia escura fantasma, 155; Big Rip e, 139; cálculos de Caldwell para, 135-7, *136*, 139
entropia: aumento de, ao longo do tempo, 113; buracos negros e, 115, 117; desordem e, 112-3; direção do tempo e, 114; morte térmica e, 206
Equação de Drake, 240
equação de estado, parâmetro da, 133, 139, 221
equilíbrio hidrostático, 146
equilíbrio termodinâmico, 54
Era da Reionização, 66
escala de distância: cálculo da constante de Hubble e, 153, 155; medição de distância com, 142-3, *145*
escatologia: definição de, 13; pesquisa acadêmica sobre, 213; visão cíclica do universo e, 13; visão do fim dos tempos em religiões e, 13-4; visões seculares sobre, 14
espaço-tempo: descrição do, 31; deslocamento da luz pelo, 33; energia escura como propriedade do, 102; gravidade no, 196
Espinosa, José Ramón, 228n, 234-5
estado de vácuo, 170, 172, *173*, 175
estrelas anãs *ver* anãs brancas
estrelas de nêutrons, 152n, 189-90, 198, 204
estrelas e sistemas estelares: alvorada cósmica e início de, 66; astronomia de ondas gravitacionais sobre, 189; Big Rip e, 138; características de padrão de espectro da luz de, 41, 73-5; colisão da Via Láctea e de Andrômeda e formação de, 69; equilíbrio hidrostático em, 146; Era da Reionização e, 66; estrelas variáveis cefeidas, 144-6, *145*, 154; expansão cósmica e, 79; explosões de supernovas e medição de distâncias com, 93-4, 96, 100, 103, 105, 145-6; formato do espaço e, 88; impacto do Big Crunch em, 81-2, 84; levantamentos astronômicos de, 138; Limite de Chandrasekhar e, 151-2; mensuração com escala de distância e, *145*; mensuração de desvios para o vermelho de, 73-4; possibilidade de planetas com seres vivos em outras, 66; pressão de degenerescência dos elétrons e colapso de, 149-50, 151; *ver também* anãs brancas
evento de alta energia e decaimento do vácuo, 177
expansão cósmica: aceleração da, 96-7, 100-1, 119; analogia da bola lançada

ao ar e, 78, 80; Big Bang como início da, 15, 79; cálculos do parâmetro de desaceleração para, 92-5; cálculos para a idade do universo a partir da, 91-2; constante cosmológica e, 103-4; densidade crítica entre a reimplosão do universo e, 88-90; desaceleração da, 92-5; descoberta da, 71; efeito Doppler na detecção da, 72; energia escura e, 107, 110, 119, *120*, 133; espaço de De Sitter após, 119-20; formato dos tipos de universo e, 95, 97; função da gravidade na, 80; ilustração da, *71*; medida da taxa de, 89, 92-3, 98-103, 141; mensuração da distância de supernovas e, 153; mensuração do desvio para o vermelho e o azul na, 73-5, 75, 94; possibilidade de Big Crunch e, 89-90; raio de Hubble e, 105-8, *107*, 152-3; três possibilidades para o futuro após, 78; velocidade de recessão de galáxias durante, 104-5

expansão do universo *ver* expansão cósmica

fase de gigante vermelha do Sol, 12, 69, 93, 147
fenomenologia, 23
férmions, 148
Ferreira, Pedro, 218, 227, 248
fim do mundo: Big Rip e, 137-9, *140*; busca pelo sentido da existência e, 14; dimensões adicionais de espaço e, 186; energia escura e, 130; fase de gigante vermelha do Sol e, 12; indução da constante cosmológica do, 103, 119; novas descobertas científicas e novas perspectivas sobre, 19-20; religiões e visão do, 13-14; visão cíclica do universo e, 14; visão de Nietzsche sobre, 14; visões seculares sobre, 14
Finn, Kieran, 209
física: áreas de estudo de cosmólogos na, 21; campo de Higgs e, 163; experimentos com colisores de partículas para descobertas na, 164, 170; modelos na, 35n; novas perspectivas sobre o fim do universo e descobertas na, 19; simetria na, 165-8; singularidade no início do Big Bang e, 48-9; teoria da grande unificação na, 51-2; teoria da gravidade e, 192
física de partículas, 23; experimentos em colisores de partículas para compreender a, 164-5; grande unificação na, 52; gravidade e, 192, 196; simetria na, 167
força eletrofraca: campo de Higgs e, 165; era quark no universo primordial e, 59; pesquisas que confirmam a teoria da, 191; quebra espontânea de simetria e, 163; teoria da grande unificação sobre, 58
formato do espaço: matéria e a curvatura do, 87, 132; ondas gravitacionais e, 189; reação da luz em relação ao, 88; tipos de geometria do universo e, 95, 97
Frost, Robert, 11, 15
Futuro Colisor Circular (FCC), 232-3

Gaia, mapa estelar, 138n
galáxias: alvorada cósmica e início das, 65; Big Rip e perda de, 137-8, *140*; capacidade de ver galáxias distantes,

104, 106, 107; colisão da Via Láctea e Andrômeda, 68-9, 81-2, 110; constante cosmológica e, 132; distância e tamanho aparente das, 108, 109; energia escura e, 131; Era da Reionização e, 66; expansão cósmica e, 71, 79; formato do espaço e, 88; impacto do Big Crunch nas, 81-2; Lei de Hubble-Lemaître sobre proporcionalidade de velocidade e distância, 76; lentes gravitacionais e, 88, 224-5; medidas de escala de distância e, 145; possibilidade de planetas com seres vivos em outras, 66; princípio copernicano sobre, 30; princípio cosmológico nas, 29-30; processo de medição do desvio para o vermelho para, 73-4, 75; taxas de colisão entre, 70; unidade de ano-luz para observação de eventos e distâncias, 29; uso do desvio para o vermelho na medição da distância entre as, 74, 76, 78; velocidade de recessão das, 104-5; visão de galáxias se afastando de nós a uma velocidade maior que a da luz, 109-10

GCH ver Grande Colisor de Hádrons

glúons, 58, 60

Grande Colisor de Hádrons (GCH), 157-60, 170, 177, 193, 217-8; decaimento do vácuo e, 184; descoberta do bóson de Higgs no, 158, 162; descrição do, 158; receios do público sobre, 158-60; recriação do plasma de quarks e glúons no, 60; segurança do, 157

Grande Telescópio de Levantamento Sinóptico, 222

grande unificação, 52

gravidade: busca por algum desvio na, 189-92; desaceleração do universo e, 92-5; efeito de pressão e, 132; espaço-tempo e, 196; estudos de Newton sobre, 19-20, 21, 194; expansão cósmica e, 79; física de partículas e, 192, 196; formato do espaço e, 87; fraqueza aparente da, 195, 197; hipótese de dimensões adicionais grandes para, 195, 197-8; impacto do Big Crunch e, 82; matéria escura e, 87-8; previsões da mecânica quântica e, 191; singularidade no início do Big Bang e, 47, 49; teoria da grande unificação e, 51-2; teoria da, na formulação de Einstein, 20, 22, 47, 85, 87, 96, 98; teoria de tudo sobre, 51-2; universos cíclicos e, 85

gravitação quântica de laços, 192

grávitons, 192

Gregory, Ruth, 181

Grupo Local de galáxias, 70, 110

GUT, era (teoria da grande unificação), 51-3

Hawking, Stephen, 111, 115-8, 182-3

Heisenberg, princípio da incerteza de, 56

hélio: nucleossíntese do Big Bang e, 61-2; produção de, pelo Sol, 146

hidrogênio: decaimento do, 112; fase de gigante vermelha do Sol e esgotamento do, 147; fusão de, no Sol, 146; nucleossíntese do Big Bang, 61-2

Higgs, bóson de ver bóson de Higgs

Higgs, potencial de, 171, 173, 177, 235

hipótese da quintessência, para energia escura, 102
hipótese de dimensões adicionais grandes, e gravidade, 195-6, 197
Hložek, Renée, 224, 248
horizonte de partículas, 103-4, 106
Hubble, constante de, 225; debates sobre métodos de cálculo para, 153-6, 225; expansão cósmica e, 76, 152-3; Lei de Hubble-Lemaître e, 76
Hubble, Edwin, 75-6, 100, 144n
Hubble, raio de, 105-8, 107, 110

Ijjas, Anna, 207
Imagem de Fundo da Polarização Cósmica Extragaláctica (BICEP2), experimento, 204, 206
infernoverso, 36
inflação cósmica, 54, 213, 227, 239, 247; cronologia da, 58; flutuações de densidade e, 56; idade do universo e, 91-2; ideia do universo cíclico como alternativa para, 206; início do universo e, 17, 54, 199-200; metaestabilidade do vácuo e, 186; modelos ekpiróticos e, 202; ondas gravitacionais e, 205; problema da uniformidade de temperatura e, 54, 56; processo de reaquecimento na, 57; radiação cósmica de fundo em micro-ondas e, 54, 57
Interpretação de Muitos Mundos da mecânica quântica, 202n
intervalo da velocidade da luz: conceito de "agora" ao observar eventos e, 30, 32; descrição do, 28-9; propriedade do espaço-tempo e, 31

Johnson, Clifford V., 219, 226, 236, 238, 240
Johnson, Matthew, 123
Jornada nas estrelas: A nova geração (série de TV), 30n, 195

Kibble, Tom, 39n

Lao-Tsé, 14
Leavitt, Henrietta Swan, 144
lei da gravitação universal, 19
Lei de Hubble-Lemaître, 76-7, 80, 89
Lemaître, Georges, 76
lentes gravitacionais, 88, 224-5
Limite de Chandrasekhar, 151-2
Lua: Big Rip e, 138; colisões de raios cósmicos na, 161; distância e tamanho aparente da, 108
luz: características de padrão de espectro da, 41, 73-5; condição de energia dominante e, 136; formato do espaço e reação da, 88; horizonte de partículas e velocidade da, 103; mensuração de desvios na *ver* mensuração de desvios para o azul; mensuração de desvios para o vermelho; movimento da, pelo espaço-tempo, 33; radiação térmica e, 41; tempo de deslocamento da, 31; velocidade de recessão das galáxias e velocidade da, 104-5

matéria: densidade da, ao longo do tempo, 120; desequilíbrio entre antimatéria e, 193; encurvamento do espaço pela, 87, 132; energia escura e, 132; era quark e distinção entre antimatéria e, 60; nucleossíntese do Big Bang e, 61 matéria escura, 86, 129, 186; alvorada cósmica e, 65; cálculos da constante de Hubble e, 155; lentes gravitacionais e, 88; sinais de, 87

matéria escura "fria", 214-5

McNees, Robert, 184n

mecânica estatística, 121

mecânica quântica, 178, 180, 186; flutuações de densidade na inflação cósmica e, 85; gravidade e, 191; Interpretação de Muitos Mundos da, 202n; singularidade no início do Big Bang e, 48-9; universos cíclicos e, 85

medições de distância: escala de distância para, 142-3, 145; estrelas variáveis cefeidas e, 144-6, 145; explosões de supernovas e, 94, 96, 100, 103, 105, 145, 151-3; método da vela-padrão de, 94, 143-4, 145; paralaxe e, 143-4, 145; tamanho aparente de galáxias e, 108, 109; unidade de ano-luz para observação de eventos e, 29

Mendeleev, Dmitri, 166

mensuração de desvios para o azul: Big Crunch e, 81; expansão cósmica e, 73-5

mensuração de desvios para o vermelho: Big Crunch e, 81; épocas anteriores do universo e, 77; expansão cósmica e, 73-5, 75, 93-4; importância da relação entre distância e idade com, 78; movimento de galáxias distantes e, 74, 76-7; raio de Hubble e, 105

Mercúrio: fase de gigante vermelha do Sol e destruição de, 12, 147; teoria da gravidade e observações de, 20, 194

método da vela-padrão para mensurar distâncias, 94, 143-5

"Mixed Signals" (White e Wharton), 198

modelo de concordância (λCDM), 214-6, 224

modelo de universo com ricochete, 188, 201-3, 206-7

modelo padrão da física de partículas, 216-8, 227; bóson de Higgs e, 158, 162-3, 170, 216; decaimento do vácuo e, 186; fenômenos físicos não explicados pelo, 193

modelos ekpiróticos: branas tridimensionais em, 196, 199-204; campo escalar em, 203, 207; cosmo visto em, 198-202; indícios observacionais em, 204; inflação e, 202-3; introdução de, 198

morte térmica, 220, 245; buracos negros e, 118; energia escura e, 139; entropia e, 206; estado do universo após, 122-3; significado do termo, 112

Moss, Ian, 181

mundo-brana, 202-3, 206

nêutrons, decaimento de, 112

Newton, Sir Isaac, 19-21

Nietzsche, Friedrich, 14, 124-5

nucleossíntese do Big Bang, 61-2

Observatório de Ondas Gravitacionais por Interferometria Laser, 188, 226

Observatório Vera C. Rubin (VRO), 222, 224, 226

ondas gravitacionais: efeito de, no corpo humano, 190; medição de, 226;

modelos de inflação para, 205; observação astronômica com, 189; primeira detecção de, 189; primordiais, indícios de, 204-5; teoria quantizada da gravidade e, 192

paralaxe, em medições de distância, 143-4, 145
parâmetro de desaceleração, 92-5
parede de domínio, 168n
Parkes, radiotelescópio, 37
Partícula de Deus, 162; *ver também* bóson de Higgs
partículas virtuais, 101, 117-8
Peebles, Jim, 36, 38-9, 41n
Peiris, Hiranya, 213, 215, 222, 240, 244
Penrose, Roger, 208, 246
Penzias, Arno, 37, 39
Planck, Max, 50
Planck, satélite, 140
Planck, tempo de, 50-1, 53
planetas: Big Crunch e o nascimento de, 82; Big Rip e órbitas de, 138; fase de gigante vermelha do Sol e destruição de, 147
plasma de quarks e glúons, 58, 60
Pontzen, Andrew, 215, 245
potencial: campo de Higgs e, 171, 173; decaimento do vácuo e, 171
pressão de degenerescência dos elétrons, 149-50
princípio copernicano, 30
princípio cosmológico, 29-30
princípio da exclusão de Pauli, 148
Pritchard, Jonathan, 247-8
processo de evaporação, em buracos negros, 22, 111, 117, 119, 174, 182-3

processo de reaquecimento, na inflação cósmica, 57
prótons, decaimento de, 112

quarks: colisores de partículas e, 159; modelo padrão da física de partículas sobre, 216; teoria da gravitação quântica sobre, 192; tipos de, 159n; universo primordial e, 58, 60
quebra da simetria eletrofraca: campo de Higgs e, 170, 172; impacto do universo primordial na, 169; processo que levou à, 165
quebra espontânea de simetria, 163

radiação cósmica de fundo em micro-ondas (RCFM), 41, 223; Big Crunch e, 83; cálculo da constante de Hubble e, 153, 155; Cosmologia Cíclica Conforme e, 209; curva do corpo negro e, 42, 43; energia escura e, 223; estudo do universo com, 41, 44; flutuações de densidade na, 56; início do Big Bang e, 46; interpretação de variações na, 44-5; lente de, 224; mapa da, 46; primeira observação da, 36-9; problema da uniformidade de temperatura e, 54-5; teoria da inflação cósmica e, 54, 57; visão da "borda" do universo e, 104
radiação térmica, 41-2
radiação, densidade ao longo do tempo, 120
radiotelescópios, 32, 37, 39, 161
raios gama, 73, 84
RCFM *ver* radiação cósmica de fundo em micro-ondas
recorrências de Poincaré, 122, 127, 238

Rees, Martin, 211, 243-4
reimplosão do universo, 97, 102, 212; densidade crítica entre expansão eterna e, 88-90; etapas finais do Big Bang e, 84-5; possibilidade teórica da, 90n
relatividade geral, 20, 99, 150, 186, 189, 194; atração gravitacional e, 132; busca por algum desvio na, 189; singularidade no início do Big Bang e, 48; universos cíclicos e, 86
religião: incômodo quanto a misturar ciência e, 162; visão cíclica do universo e, 14; visão do fim dos tempos na, 13-5
RHIC *ver* Colisor Relativístico de Íons Pesados
Rubin, Vera, 87-8

Sagan, Carl, 62
Schwarzschild, raio de, 116n
Segunda Lei da Termodinâmica, 113, 115, 121, 128
simetria: equações descrevendo interações na, 169; evento de quebra de, 167-8; exemplos de, 168; expressão matemática de, 167; física e, 165-8; padrões na, 166-7; *ver também* quebra da simetria eletrofraca
simetria de rotação/translação, 168
singularidade: buraco negro e, 116; Cosmologia Cíclica Conforme e, 209; início do Big Bang a partir de uma, 46-51, 55n; modelo de ricochete e, 203; modelo ekpirótico e, 207; universos cíclicos e, 85, 208
Sistema Solar: colisão da Via Láctea e Andrômeda e, 68-9, 81; decaimento do vácuo no, 180; definições e mensuração de distâncias no, 142-3; escala de distância no, 143, 145
Sol: atração gravitacional do, 191; Big Rip e, 138; distância e tamanho aparente do, 108; equilíbrio entre hidrogênio e hélio no, 146-7; fase de gigante vermelha do, 12, 69, 93, 147; pressão de degenerescência dos elétrons e colapso do, 150
Solenoide de Múon Compacto, colaboração, 233
som, e efeito Doppler, 72
Sonda Wilkinson de Anisotropia de Micro-ondas, 213
Steinhardt, Paul, 199, 207
superfície do último espalhamento, 63-4
supernova 1006, 150n
supernovas, explosões de: mensuração de distâncias no universo com, 93-4, 96, 100, 103, 105, 145-6; pressão de degenerescência dos elétrons e, 149
supernovas tipo Ia, explosões de: brilho característico e espectro de luz em, 94; descrição de, 145-6; energia escura e, 152; mensuração de distâncias com, 93-4, 96, 100, 103, 105, 145-6; mensuração de velocidade de recessão em, 95; método da vela-padrão para mensuração de distâncias e, 94, 143, 145
supersimetria, modelo de, 217

tabela periódica de elementos, simetria na, 166
Telescópio de Levantamento Infravermelho de Campo Largo, 223

Telescópio Espacial James Webb, 223
tempo retrospectivo, 40
teoria da grande unificação (GUT), 51, 191; início do Big Bang e, 51-3
teoria da relatividade geral *ver* relatividade geral
teoria das cordas, 192; como teoria de tudo definitiva, 53; pesquisas realizadas sobre, 22n
teoria de tudo, 77n, 191, 193-4
teoria quântica de campo, 22
teorias de gravitação quântica, 49, 192, 237
Terra: Big Rip e perda da, 139, 140; colisão da Via Láctea e Andrômeda e, 69; efeito panorama na visão dos astronautas da, 18; fase de gigante vermelha do Sol e destruição da, 12, 147; universo observável visto da, 40
tunelamento quântico, 178-81
Turner, Ken, 39
Turok, Neil, 198, 209, 239, 247

unidade de ano-luz, 29
universo: aberto, 96, 97; bolha de vácuo verdadeiro no, 174-6, 176; brilho residual do Big Bang no, 82-3; busca de sentido do fim do, 13-6; cíclico *ver* universos cíclicos; conceito de "agora" ao observar eventos no, 30, 32; crença em estado estável do, 15; cronologia cósmica do, 58; curvatura em larga escala do, 96, 97; desequilíbrio entre matéria e antimatéria no, 193; divergências sobre cálculos da idade do, 91-2; energia escura e parâmetro de equação de estado para, 133; expansão do *ver* expansão cósmica; explosões de supernovas como marcadores para mensurar, 93-4, 96, 100, 103, 105, 145-6; fechado, 96, 97; início do, 12; mensuração de desvios para o vermelho para épocas anteriores do, 77; modelo de ricochete do, 201-3, 206-7; novas descobertas científicas e perspectivas sobre, 18, 20; plano, 96, 97; possibilidade de planetas com seres vivos em outro, 66; princípio copernicano sobre, 30; princípio cosmológico no, 29-30; radiação cósmica de fundo em micro-ondas para o estudo do, 41, 44-5; resultado da expansão atual do, 70-1; singularidade no início do, 46-51, 55n, 85; tipos possíveis de, com base no formato, 95, 97; unidade de ano-luz para observação de eventos e distâncias no, 29; visão da cosmologia sobre os mecanismos do universo, 19; *ver também* universo observável
universo de entropia máxima, 120
universo observável: descrição do, 34, 40; expansão cósmica e, 71; horizonte de partículas no, 103-6; mapa ilustrado do, 40; problema da uniformidade do, 54, 56; visão da "borda" do, 104
universos cíclicos, 14, 202-3; gravidade e, 86; problemas da possibilidade de, 85; questão quanto ao que sobrevive entre um ciclo e outro em, 86
universos-bolha, 213

vácuo de Higgs, 170-2
vácuo falso, 173, 177, 185

variáveis cefeidas, estrelas: cálculo da constante de Hubble e, 155; descoberta das, 144; escala de distância e, 144-6, 145
Vênus, fase de gigante vermelha do Sol e destruição de, 12, 147
Via Láctea, 20, 38; futura colisão da galáxia de Andrômeda com, 68-9, 81-2, 110; galáxias próximas menores consumidas pela, 69; medições de escala de distância e, 145
viagem no tempo, 27

Virgem, aglomerado de, e Big Rip, 138
Vonnegut, Kurt, 159n
VRO *ver* Observatório Vera C. Rubin

Wagner, Walter, 157
Wharton, Ken, 198
White, Lori Ann, 198
Wilkinson, David, 36, 39
Wilson, Robert, 37, 39
Withers, Benjamin, 181

Zwicky, Fritz, 86

ESTA OBRA FOI COMPOSTA PELA ABREU'S SYSTEM EM INES LIGHT
E IMPRESSA EM OFSETE PELA LIS GRÁFICA SOBRE PAPEL PÓLEN SOFT
DA SUZANO S.A. PARA A EDITORA SCHWARCZ EM FEVEREIRO DE 2022

A marca FSC® é a garantia de que a madeira utilizada na fabricação do papel deste livro provém de florestas que foram gerenciadas de maneira ambientalmente correta, socialmente justa e economicamente viável, além de outras fontes de origem controlada.